EMOTIONAL CHATBOTS

赵妍妍 秦兵 刘挺 / 著

情感对话
机器人

U0281447

人民邮电出版社

北京

图书在版编目（CIP）数据

情感对话机器人 / 赵妍妍，秦兵，刘挺著. -- 北京：
人民邮电出版社，2022.10
ISBN 978-7-115-58461-8

Ⅰ．①情… Ⅱ．①赵… ②秦… ③刘… Ⅲ．①似人机
器人 Ⅳ．①TP242

中国版本图书馆CIP数据核字(2022)第008110号

内 容 提 要

随着人工智能技术的不断发展，自然语言理解、自然语言生成与深度学习技术的密切配合使对话机器人的"智商"得到了显著提升。然而，拥有了"智商"的对话机器人有时仍然无法满足人类的需求。人们期待对话机器人能够脱掉冷冰冰的外壳，像人类一样具有观察、理解和表达各种情感的能力，即具有"情商"。

本书着眼于提高对话机器人的"情商"，结合人机对话的特点，详细介绍了构建情感对话机器人的各项前沿热点技术，包括对话场景下的情感识别、情感管理、情感回复生成等。这些技术能够完善对话机器人的"智商"与"情商"，使其与用户进行更人性化的交流。此外，本书还介绍了目前非常热门的多模态场景下情感对话机器人的相关技术，以及情感对话机器人的相关语料资源。

本书具有一定的技术深度，既适合情感计算、对话系统研究领域的科研工作者阅读，也适合对人工智能感兴趣的本科生和研究生阅读。

◆ 著　　　　赵妍妍 秦　兵 刘　挺
　　责任编辑　贺瑞君
　　责任印制　李　东　焦志炜

◆ 人民邮电出版社出版发行　　北京市丰台区成寿寺路 11 号
　　邮编 100164　电子邮件 315@ptpress.com.cn
　　网址 https://www.ptpress.com.cn
　　北京捷迅佳彩印刷有限公司印刷

◆ 开本：787×1092　1/16
　　印张：13.5　　　　　　　2022 年 10 月第 1 版
　　字数：320 千字　　　　　2022 年 10 月北京第 1 次印刷

定价：98.00 元
读者服务热线：(010)81055552　印装质量热线：(010)81055316
反盗版热线：(010)81055315
广告经营许可证：京东市监广登字 20170147 号

前　言

近年来，对话机器人技术的发展非常迅速。最初的对话机器人的设计出发点是"类人的智商"，常见的表现形式为智能私人助手。但人类对对话机器人的期待远不止于此，人们更渴望与它们进行更自然、深入的交流，提升陪伴感，即令对话机器人具有"类人的情商"。获得表达情感的能力，是机器人拥有高级智能的一种体现；缺乏情感的智能是残缺不全的，也会使对话机器人的用户接受度大打折扣。为此，具有情感的对话机器人的研制成为学术界和产业界共同关心的课题，是互联网新时代技术的热点之一。

情感对话机器人系统的基石是对话机器人的"智商"，即能够充分理解与用户的对话，并具有根据用户意图生成相应回复的能力。值得强调的是，无论何时，情感对话机器人系统都不能抛开"智商"谈"情商"。基于具有一定"智商"的对话机器人，我们可以从对话场景下的情感识别、情感管理和情感回复生成3个层面提升对话机器人的"情商"。这3项研究内容是层层递进、密不可分的。其中，对话情感识别是基础；对话情感管理是深化，属于对情感的深层次理解；对话情感回复生成依托前两项技术，是应用及价值的体现。此外，情感对话机器人还需要具备多模态、大语境场景下的"情商"。

本书共7章。第1章为绪论，整体阐述情感对话机器人的研究背景、任务体系、相关技术及技术难点。第2章系统介绍本书涉及的语义表示基础。第3章~第6章分别介绍对话情感识别、对话情感管理、对话情感回复生成，以及多模态情感对话机器人的相关技术，主要从研究背景、任务定义、任务分析和代表性工作等角度介绍相关研究任务的前沿成果和思考。其中，第3章~第5章主要介绍基于语言这种单模态的情感对话机器人的相关技术，第6章则从多模态的角度进行介绍。第7章主要介绍情感对话机器人的语料资源。

本书作者所在的科研团队多年来一直致力于情感计算和对话系统的相关研究，承担过多个国家级重点科研项目，具有从科学理论研究到工程实践的丰富经验。本书内容取自该团队多年的研究积累，书中介绍的原理、方法充分结合了理论与工程实践，内容结构合理、循序渐进。希望本书能够引起更多学者对情感对话机器人的兴趣，共同探索这个充满未知和希望的研究方向。

在此，我们需要感谢很多一起奋斗的同事，包括车万翔教授（第 2 章）、张伟男副教授等，他们对本书相关的研究工作给予了诸多建议和帮助。此外，特别感谢陆鑫（第 3 章）、田一间（第 5 章）、吴洋（第 6 章）、赵伟翔（第 7 章）、袁建华、杨浩、易文佳、卢延悦、张馨、陈嵩、彭湃、张震宇等为本书的整理及校对付出的辛勤劳动。同时，感谢国家自然科学基金项目（62176078、61976072）和国家社会科学基金项目（21BXW043）对本书相关研究工作的资助。

人民邮电出版社贺瑞君编辑和王琪编辑对书稿进行了精心审读，提出了宝贵的意见；出版社其他工作人员也为本书付出了大量努力，让本书得以较快与读者见面，在此谨向他们表示最诚挚的感谢！

情感对话机器人的研究工作和产业化正在以日新月异的速度向前推进，这是一个涉及面非常广的技术领域，作者也正在其中不懈探索。因作者水平有限，书中难免有疏漏与谬误之处，敬请业界同行和读者指正。

2022 年 3 月 1 日

目　录

第 1 章
绪论

对话机器人是一种服务型机器人产品，旨在通过学习人与人的对话行为来模拟人类的智商与情商，从而达到与人类进行顺利交流的目的。艾伦·麦席森·图灵（Alan Mathison Turing）在 1950 年提出了图灵测试，开启了赋予计算机智能的大门。图灵测试的结论是：当人类无法察觉到与之聊天的机器人是否为人类的时候，就标志着该机器人具有了智能。图灵关注的计算机智能任务正是对话机器人。图灵测试是人工智能领域发展的里程碑，几十年来许多科学家都在为实现"让计算机像人一样思考"而努力探索着。对话机器人无疑是图灵测试的重要应用，也是实现人工智能的必经之路。

1.1 对话机器人的"智商"与"情商"

最初的对话机器人的设计出发点是"模拟人的智商"，常见的表现形式为智能私人助手。这种类型的对话机器人可以做到秒速应答，且知晓更多，能够为客户提供专业、优质的服务，极大提升了客户的满意度。例如：智能私人助手允许用户通过语音输入或者文字输入的形式完成询问天气、查询餐厅、购买机票等操作，且重视人机交互，提供了十分生动的对话接口。显然，传统的对话机器人重在关注"智商"，具体表现为这些对话机器人有强大的、远超人类的知识储备，可以清晰地理解用户的各种需求，如具有信息的检索、理解和回复功能，以及一定的需求推理能力等。此外，由于大部分对话机器人都能够搭载不同功能的外部设备，具有超越人类的感知能力和庞大的信息资源，这为对话机器人达到甚至超越人类的智商，以及提供更精准、完善的服务提供了可能。

常见的智能私人助手类对话机器人包括国外苹果公司的 Siri、谷歌的 Google Assistant，以及华为的智慧语音助手小艺、科大讯飞的灵犀等，如图 1-1a 所示。其中，Siri 是非常具有代表性的产品，它与苹果手机相配套，支持自然语言输入，并且可以调用系统自带的天气预报、日程安排、搜索引擎等应用和数据，还能够不断学习新的声音和语调，提供对话式的应答（见图 1-1b）。Siri 可以令苹果的手机或平板电脑"变身"为智能化机器人，具有革命性的创新意义。目前，智能私人助手产品前端的主要技术是语音识别技术，可把用户的口语转化为语言文字；后端的主要技术是任务型对话理解，也就是从语言层面理解用户发出的任务，并通过语义推理或者资源调用完成任务。其中，智能私人助手涉及的具体技术包括自然语言理解、对话管理以及自然语言生成等。

（a）　　　　　　　　　　　　　　　　　　　　（b）

图 1-1　智能私人助手产品及对话示例

(a) 智能助手产品示例　　 (b) Siri 对话示例

除了智能私人助手外，人类还希望能够与机器人进行更自然深入的交流，以排解情绪、打发无聊时间、提升陪伴感，聊天机器人因此诞生。聊天机器人是对话机器人的另一种常见形式，与智能私人助手的高智商相比，聊天机器人更多凸显的是"情商"。通过与用户对话，聊天机器人可以获知用户的情绪或状态，并借此回复话题或者抛出话题，用户的回复轮次越多、使用频率越高，则说明聊天机器人的情商越高。其中，典型的用户情绪有"喜悦""伤心""愤怒"等，典型的用户状态则包括"疲惫""运动""休息"等。近年来，聊天机器人系统的应用场景层出不穷，如娱乐场景和在线客服等。娱乐场景下聊天机器人系统的具体应用通常为社交媒体、儿童玩具等，主要功能是与用户进行开放主题的对话，从而实现对用户的精神陪伴、情感慰藉和心理疏导等。

由于兼具研究性和实用性，聊天机器人引发了企业界和学术界的研究人员的长期关注。微软小冰是一款非常知名的来自企业界的人工智能伴侣虚拟机器人，也是聊天机器人的典型代表。微软小冰以萌妹子的形象进入多个社交平台，在包含几千万条真实而有趣的对话的语料库基础上，通过理解对话的语境与语义，实现了简单的人机问答的自然交互，且具备情感计算能力。此外，微软小冰的框架引领着人工智能的技术创新，除了自然语言处理技术，还覆盖了计算机语音、计算机视觉和人工智能内容生成等多个人工智能领域，具备多模态处理能力。小黄鸡聊天机器人 SimSimi 是韩国研发的一款以娱乐为主的聊天机器人，能实现自然语言的交互，与用户进行有趣的对话。此外，国内的高校也纷纷开展聊天机器人的研制，例如哈尔滨工业大学研制的机器人笨笨以及香港科技大学研发的聊天机器人 Zara。其中，笨笨机器人是一款在线的中文智能聊天机器人，可实现闲聊、指令执行、知识问答和个性化推荐等传统功能，此外还具有饮食地图、隐含反馈对话、交互式机器阅读、新闻推荐等功能。

在线客服聊天机器人系统的主要功能是与用户进行基本沟通并自动回复用户有关产品或服务的问题，以实现降低企业客服运营成本、提升用户体验的目的。客服聊天机器人与用户的沟通有别于传统的聊天机器人的闲聊功能，具有受限领域的主题性，其应用场景通常为网站首页和手机终端。代表性的商用系统有小 i 机器人、京东的 JIMI 客服机器人等。图 1-2 给出了一些有代表性的聊天机器人产品及对话示例。

（a） （b）

图 1-2 聊天机器人产品及对话示例

（a）聊天机器人产品 （b）笨笨聊天机器人对话示例

无论是智能助手类的对话机器人，还是聊天类的对话机器人，目前主打的技术点都是提高对话机器人的"智商"，即正确地理解用户的意图，并给予恰当的回复。随着人工智能技术的不断发展，尤其是自然语言理解和自然语言生成技术在深度学习技术密切配合下的快速发展，对话机器人的"智商"得到了显著的提升，在一些特定的领域（如客服领域）已经可以落地为较为成熟的产品。然而，拥有了"智商"的对话机器人有时仍然满足不了图灵测试中的类人性，尤其对聊天机器人而言。人类的特性是不仅可以回复合乎逻辑的答复，还要情感处理得当。然而，有时候对话机器人对情感的处理不到位，回复内容虽然合乎逻辑但是情感截然相反，用户友好性较差，从而减弱了用户对于产品的黏性。因此，人类开始期待对话机器人脱掉冷冰冰的"外壳"，具有处理情感的能力，即具有"情商"，向类人化更进一步。如图1-3所示，对于用户的对话内容"我今天考了满分！"，对话机器人1没有理解这个对话的意图；对话机器人2虽然理解了对话的主题是"考试"，并且回复了与"考试"主题相关的内容，但是很明显没有理解用户此时的心情是喜悦的，缺乏"情商"；对话机器人3能够准确地把握用户的情绪，给出符合当下情绪的回复，是对话机器人具有情感处理能力的体现。

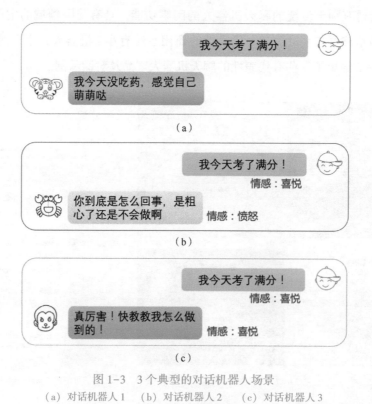

图1-3　3个典型的对话机器人场景
(a) 对话机器人1　(b) 对话机器人2　(c) 对话机器人3

　　情感是机器人拥有高级智能的一种体现，让计算机具有"情商"是人工智能的更高阶目标。人工智能之父马文·明斯基（Marvin Minsky）在其著作《情感机器》中指出：

"人工智能只有智力，没有情感，不是真正的智能。"软银 CEO 孙正义认为："未来更有价值的机器人是能够理解人心，能够与人进行情感沟通的机器人。"目前，人们对具有情感处理能力的陪伴型机器人的需求极大。而缺乏情感的智能是残缺不全的，也会使对话机器人的用户接受度和推广大打折扣。任何事情，只要能够形式化，就可以被计算机模拟，情感也是如此。例如，如果计算机能够知道一个人考试不及格一般都会比较沮丧，就可以对考试失利的孩子说一些鼓励的话而不是冷冰冰的就事论事，听到鼓励的孩子心情就会变好。这意味着对话机器人不仅需要"智商"，还需要"情商"，即赋予对话机器人类人式的情感，使其具有识别、理解和表达情感的能力，以便对用户做出更人性化、多样化的回复。为此，具有情感的对话机器人的研制成为学术界和产业界共同关心的课题，是互联网新时代技术的"引爆点"。

近年来，不少对话机器人产品均增加了情感功能，以提升产品的趣味性和人性化，如微软小冰、小黄鸡聊天机器人、笨笨机器人等。此外，一些实体化的社交机器人也将情感功能作为产品的卖点，如日本人形机器人 Pepper、美国的机器人 Jibo 以及国内的机器人公子小白等。未来机器人肯定会拥有情感，只是机器人的"情商"会有一个逐步提升的过程，初级阶段会有点"呆萌"。相较而言，实体机器人的情感功能主要体现于感官系统（如面部表情、声觉、触觉等）以及少部分的语言分析能力，在线的情感对话机器人的情感功能则重点依赖对对话内容的分析。在自然语言处理领域，文本情感计算是攻克机器人理解文字语言情感的核心技术，吸引了众多学者参与到这方面的研究工作中，也取得了很多成果。这项技术可以帮助机器人理解人类语言的情感，如识别出喜悦、悲伤、愤怒等情绪，以便更好地进行语义理解，做出合适的应答。除自然语言处理领域外，在语音情感识别与合成、人脸表情识别等方面，人工智能领域的研究人员也都取得了不少引人注目的进展，能够处理多模态场景的情感对话机器人具有更强的类人性，未来可期。

1.2　情感对话机器人的任务体系

人类在处理对话中的情感时，需要先根据对话场景中的蛛丝马迹判断出对方的情感，继而根据对话的主题等信息思考自身用什么情感进行回复，最后结合推理出的情感形成恰当的回复。受人类处理情感对话的启发，情感对话机器人需要完成以下几项任务。

（1）对话情感识别：旨在识别出用户当前对话中蕴含的情感。这里的情感通常根据不同的应用场景有所差别。例如，在聊天机器人中，对话情感多指喜、怒、哀、恐、惊等情绪；而在智能私人助手中，对话情感多指支持、反对等二元判断策略。

（2）对话情感管理：旨在对用户当前对话进行深入理解，精准定位产生这种情感的背后原因，以推理出机器人应该持有何种情感来回复用户。对话情感管理的目的是管理"情感"，但需要结合对话场景中的话题、用户等信息进行管理。通过对话情感管理环节，机器人回复的情感可能是唯一的，也可能是多元的。例如，对于用户当前的情绪"愤怒"，机器人推理出的回复情绪可能是"愤怒""悲伤"，但是不能是"喜悦"。

（3）对话情感回复生成：旨在结合用户当前对话的主题及在对话管理环节推理出的适合回复的情感，生成内容充实、有针对性，且情感逻辑合理的回复，保证人机对话通畅自然。对话机器人带有"情商"的回复可以有效增加人机对话轮次，增强对话黏性。

（4）多模态场景下的对话情感计算：旨在分析多模态场景下对话的情感特点，尤其是挖掘语言、图像和声音这3种模态的情感特征并加以融合，从不同模态的切换中寻得蛛丝马迹，并相互关联，以进行情感的识别、理解和表达。由于多种模态的参与，情感特征的源头也是多路的，如何进行信息互补和处理不一致现象是多模态情感研究的重点，也是多模态对话与单模态对话相比的不同之处。

上述任务的前3项，是情感对话机器人需要完成的基本任务。图1-4展示了情感对话机器人的任务体系。情感对话机器人系统的基石是对话机器人具有一定的"智商"，即能够对用户当前的对话进行充分的自然语言理解，并具有根据用户意图生成相应回复的能力。值得强调的是，无论何时，都不能抛开"智商"谈"情商"。这也意味着，对话的"内容相关"和"情感相关"是对话机器人非常核心的两个特质。基于具有一定"智商"的对话机器人，我们就可以从对话情感识别、对话情感管理和对话情感回复生成3个层面逐层递进地增强对话机器人的"情商"。这3项研究内容是层层递进、密不可分的。其

图1-4　情感对话机器人的任务体系

中，对话情感识别是基础；对话情感管理是深化，属于情感的深层次理解；对话情感表达依托前两项技术，是应用及价值体现。

上述前 3 项任务的研究工作主要在自然语言单模态环境下开展，在兼顾"智商"的情况下，用以提升在线对话机器人的"情商"。更进一步地，由于对话机器人在模拟人的对话特征，我们可以观察到人类之间的对话不只有语言这一种模态，而是大部分情况下处于多种模态共存的场景中，具体表现为：我们通过语言、图像、声音及手势等共同作用，无缝衔接地表达意图和情感，而对话接收方同样用眼睛观察我们的行为、面部表情，用耳朵听到语言、语音、语调，然后用大脑来处理参与对话的多维度信息，给出反馈。对于模拟人类的对话机器人而言，不仅需要具备处理自然语言情感的能力，还需具备处理多种模态中多源情感信息的能力，这无疑将成为未来情感对话机器人的必备技能，尤其对于实体对话机器人而言。可以想象，具有多模态场景处理能力的情感对话机器人将会更符合真实场景，更能提升用户的参与度，从而为高质量的智能陪伴、智能客服、电子商务等应用提供强大的技术支撑。

基于此，情感对话机器人还需要具备在多模态、大语境场景下的"情商"，即上面提到的第 4 项任务——多模态场景下的对话情感计算。

可以看出，第 4 项任务的大背景是语境的扩充，即将情感对话机器人的研究范围从自然语言单模态的在线聊天扩展到了多种模态共存的实体机器人研究上。随着深度学习的发展，多种模态的语义表示的壁垒被打破，使得多种模态的情感特征的融合变得更加自然，促进了一大批与多模态表示学习和特征融合相关的工作的开展，也间接促进了多模态场景下的情感对话机器人研究的开展。此外，随着社交媒体的发展，多模态共现表达个人情感、发表评论也成为一种自然的网络表达，积累了大量多模态情感数据，这为我们研究多模态情感对话机器人提供了先决条件和应用场景。在多模态情感计算领域，目前已经开始涌现出一些代表性工作，非常值得关注。

虽然情感是对话机器人很重要的一个特质，然而目前的对话机器人产品要么对用户的情感对话处理得不够精准，要么不具备情感处理的功能，更谈不上深入情感理解、情感管理并生成情感回复了。大部分具有情感处理能力的对话机器人仅仅是使用情感分类模型简单判断用户对话的情感，事实证明，这种浅层的情感分类并没有使人机交互的结果得到很明显的改善。因此，如何更好地规划情感计算与人机对话技术的融合，让情感渗透到对话机器人系统的方方面面，即更精准地识别用户情感，深入理解用户产生情感的原因，以及生成更有个性化的情感回复，是非常值得探索的课题。

1.3　情感对话机器人的相关技术

情感对话机器人系统需要多项人工智能技术的支撑,其中与其最相关的核心技术共有 4 项,分别是深度学习技术、文本情感计算技术、人机对话技术以及多模态学习技术,如图 1-5 所示。

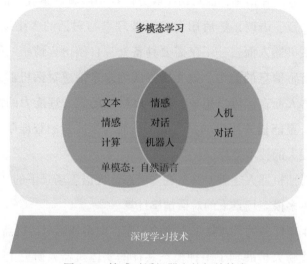

图 1-5　情感对话机器人的相关技术

深度学习是当今乃至未来很长一段时间内引领人工智能发展的核心技术,因此也是情感对话机器人系统的技术基础。深度学习技术可以端到端地学习和处理自然语言、语音和图像等多源数据,不再依赖人工设计的特征。更重要的是,深度学习技术打通了多种模态的技术屏障,使得多模态学习不再深不可测,也使情感对话机器人向真正的类人化更进一步。

在深度学习技术的基础之上,文本情感计算技术、人机对话技术以及多模态学习技术是与情感对话机器人系统最相关的几项技术,近年来得到了长足的发展。文本情感计算技术使得计算机拥有了理解文本中蕴含情感的能力,人机对话技术使得计算机在人机对话环境下拥有了理解用户对话意图和生成相应文本回复的能力,多模态学习技术为计算机从自然语言单模态扩展到多模态语义学习提供了保障。从图 1-5 可以看出,从语言模态角度看,情感对话机器人是文本情感计算领域和人机对话领域的交集,除了需要兼顾这两个领域的技术,还具有本身新方向的特色;从多模态场景角度看,情感对话机器人将会联合并交叉几个相关技术方向,产生更多有特色的研究点。下面我们逐一介绍这 3 项技术。

1.3.1 深度学习技术

深度学习是指一类特定的机器学习算法。与浅层结构机器学习算法（如支持向量机）不同，深度学习采用多层非线性变换的神经网络结构，对数据进行逐层抽象和表示。因此，深度学习也是一种表示学习的途径。深度学习的发展可以追溯到 20 世纪 80 年代。鲁梅尔哈特（Rumelhart）等人于 1986 年提出可用于神经网络模型训练的反向传播算法，使得对神经网络的研究红极一时。杨乐昆（Yann LeCun）等人在 1989 年将反向传播算法用于深度神经网络的学习，以识别手写邮政编码（数字）。然而，由于局部极值以及梯度弥散等理论问题，同时也受限于当时硬件的计算能力，该网络的训练速度很慢，从而使其实际应用价值受到限制。20 世纪 90 年代，支持向量机、Boosting、最大熵等浅层机器学习模型相继被提出，这些模型的结构相对简单，有较完善的理论分析，同时在应用上获得了巨大的成功，因此在机器学习界迅速流行起来。在这个时期，对人工神经网络的研究则相对较为沉寂。

直到 2006 年，加拿大多伦多大学的杰弗里·辛顿（Geoffrey Hinton）等人在 Science 期刊上发表文章，提出先对深度网络进行逐层无监督训练，再采用反向传播对网络参数进行微调的方法，极大推动了深度神经网络的研究。这种思路重新开启了深度学习的研究浪潮。2011 年以来，深度学习在图像、语音等领域的多个任务中取得了突破性进展，在自然语言处理领域也已取得初步成效。应用上的突破使得深度学习在工业界也受到广泛关注。

深度学习旨在模拟人脑对事物的认知过程，一般是指建立在含有多层非线性变换的神经网络结构之上，对数据的表示进行抽象和学习的一系列机器学习算法。由此可见，深度学习的一个重要性质是"表示学习"。例如，在自然语言处理领域，通过神经网络语言模型对词汇分布表示进行学习，有效地缓解了词汇化特征的数据稀疏问题；利用堆叠自动编码器对跨领域数据进行表示学习，有效地提升了模型在领域迁移时的泛化能力；基于递归网络结构以及词的分布语义表示所构建的深层语义分析模型也在多个任务中取得了进展。在任务层面，深度学习在语言模型、情感分析等任务中，已经取得了较大的进展。

与情感对话机器人最相关的情感分类任务，是自然语言处理的一项重要任务，其目的是为带有情感色彩的主观文本（如商品、电影的用户评论等）进行情感（如喜、怒、哀、乐、批评和赞扬等）分析。过去的情感分类方法利用的主要是词袋（Bag of Words，BOW）表示，而它存在以下两个缺点。

（1）词袋表示离散而且稀疏，对于未在训练数据或者情感词典中出现的情感词，很难准确地进行分析。尤其对于跨领域问题，情感表达词往往不一致，从源领域很难学习到符合目标领域的知识，难以迁移。

（2）词袋表示并未考虑句子中词语的顺序以及更复杂的语法现象（句法结构）。例如两条对电影的不同评论："这部电影不浪漫，但是很好看"与"这部电影很浪漫，但是不好看"。这两句话的词袋表示完全一致，然而对于该电影的评价倾向却是相反的。这个例子表明，句子的语法结构、词与词之间的语义组合对于情感倾向的判断非常重要。

深度学习的语义组合模型，如递归自动编码器神经网络（Recursive Auto-Encoder Neural Network）、卷积神经网络（Convolutional Neural Network，CNN）等有效地避免了人工提取的特征，能够自动发现针对任务的有效表示，使得情感分类的性能得到显著提升，在情感计算领域引发了一系列的变革。2018 年以来，以 BERT、GPT 为代表的超大规模预训练模型弥补了自然语言处理标注数据不足的缺点，使得包括情感计算在内的几乎所有自然语言处理任务均取得了一系列的突破。基于此，深度学习技术必将成为情感对话机器人任务的理论基础。

1.3.2　文本情感计算技术

文本情感计算技术的发展得益于社交媒体的蓬勃发展。社交媒体改变了用户在互联网中的定位，从被动地接收互联网消息（如看新闻、看视频、听歌）变为主动参与互联网的构建（如发微博、创作视频、对歌曲和视频进行评论）。基于此，互联网上产生了大量用户参与的内容（User Generated Content，UGC），这些内容含有大量用户情感信息，为文本情感计算提供了丰富的数据资源。文本情感计算的研究至今已有 20 余年的历史，随着新技术的变迁、新任务的出现，以及更高性能算法需求的增长，情感计算技术目前仍是国内外学术界和产业界的研究热点。

文本情感计算涉及多项有挑战性的研究任务。文本情感计算曾被喻为"缩小版"的自然语言处理。自然语言处理的几个研究角度是分类、抽取、推理、生成等。相应地，文本情感计算也可以从这 4 个角度进行归纳，分别是情感分类、情感抽取、情感推理、情感生成。图 1-6 展示了文本情感计算的任务框架。其中，情感分类和情感抽取是文本情感计算领域的基础任务，也是最核心的任务；然而，情感分类和情感抽取的结果往往是评论文本中的表象特征提取，如判断最显性的情感，隐藏较深的复杂情感元素很难被发现，需要情感推理环节。此外，情感分类、情感抽取以及情感推理都是从分析的角度入手，自然语言处理还有另一个逆向角度，即文本生成的角度。在实际需求中，尤其是在情感对话机器人中，对情感文本生成的需求是很明显的。下面我们分别从这 4 个角度来介绍文本情感计算领域的这 4 项任务。

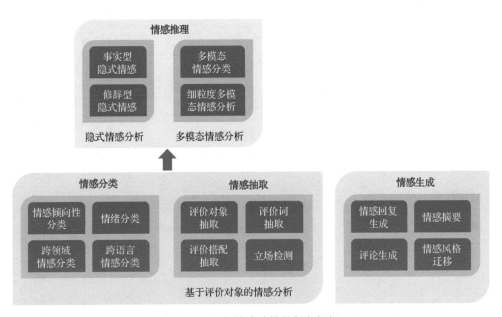

图 1-6　文本情感计算的任务框架

1. 情感分类

情感分类旨在将文本情感单元分类为若干个情感类别。从观点挖掘的角度，可分为褒义、贬义、中性等较为理性的情感类别，称为情感倾向性分类。例如：产品评论"华为 Mate40 的电池续航能力太强悍了！"，属于"褒义"的情感类别。若从用户心理状态的角度，可将情感分为"喜、怒、忧、思、悲、恐、惊"等比较感性的情感类别，也称为情绪分类。例如：用户发布的微博文本"哎，今天考试没及格！"表达了一种"悲伤"的情绪。在不同的情感使用场景下，用户可以自己设定所需的情感类别。在本书的对话场景下，情感对话机器人中的情感一般是指情绪。

情感分类的模型如图 1-7 所示，其中文本单元主要包括词级别、句子级别、文档级别等多个层级。由于情感分类是典型的自然语言分类任务，在文本情感计算研究的初期，学者们一般使用机器学习的分类算法（如支持向量机）配合人工特征提取的方法来进行情感分类。深度学习时代来临后，学者们发现情感分类任务对深度学习算法敏感，可谓是深度学习算法的理想"练兵场"。因此，基于深度学习的情感分类算法逐渐涌现出来且地位屹立不倒。常见的基于深度学习的情感分类模型有以下 3 种。

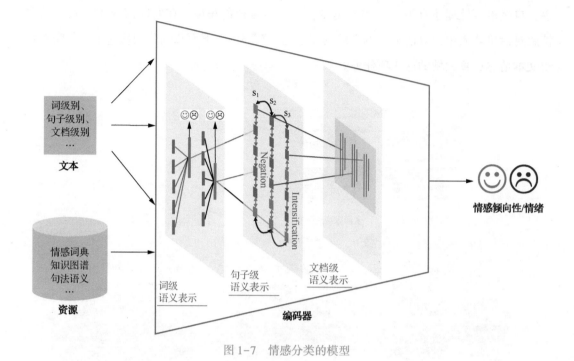

图 1-7　情感分类的模型

（1）普通的端到端神经网络模型（Neural Network without Attention）：该模型通过词表示将文本单元作为输入，并通过神经网络模型对表示数据进行多层抽象，最终获得情感分类的结果。可以看出，这种方法不显式地加入任何情感知识，可完全看作分类任务，靠语义表示中蕴含的情感信息来识别情感。

（2）基于注意力机制的神经网络模型（Neural Network with Attention）：同样地，该模型通过词表示将文本单元作为输入，并在神经网络模型中加入自注意力（Self-attention）机制或者基于评价对象的注意力机制，来对数据进行多层抽象，最终获得情感分类的结果。这种注意力机制最大的优点是有侧重地融合文本单元的表示，也便于显式地融入情感知识。

（3）基于外部资源的神经网络模型（Neural Network with External Resources）：在该模型中，很多外部资源（如情感词典、知识图谱、句法语义等）都会为情感分类提供可靠的补充信息，可以提升基于深度学习的情感分类的性能。

此外，深度学习模型已经为情感分类的性能打下了比较牢固的基础，要想得到进一步的提升，将情感知识和深度学习模型进行有效融合是目前研究的突破口。

再进一步，情感分类与跨领域分析相关联，就是跨领域情感分类任务；与跨语言分析相关联，就是跨语言情感分类任务。这两项任务由于可以间接解决大量标注语料的问题，也受到了很多学者的关注。

情感倾向性分类任务与情绪分类任务是与情感对话机器人的研究最相关的任务，对对话情感识别（见图 1-4）有非常重要的技术支撑。可以说，对话情感识别就是在情感分类算法的基础上，充分挖掘对话（尤其是闲聊）的特点，并将其与情感分类相结合的衍生技术。

2. 情感抽取

情感抽取是文本情感计算领域的另一项底层任务，它旨在定义并抽取情感评论文本中有意义的情感信息单元，目的在于将无结构化的情感文本转化为计算机容易识别和处理的结构化文本，为文本情感计算上层的研究（如情感摘要、情感回复生成）和应用（如评论分析、舆情分析）提供服务。

从另一个角度讲，如果将情感分类视作获取粗粒度情感，那么情感抽取的意义就是获取细粒度情感，因此情感抽取配合情感分类任务也被称为细粒度情感计算，是文本情感计算领域极具特色的任务，也是非常值得下大力气研究的基础任务。例如：我们可以从对话"今天天气很好"中通过情感分类技术获知其情感类别是"喜悦"，但是这个情感信息的粒度很粗，为了能够很好地生成回复，我们还需要知道一些细粒度的信息，即"用户为何喜悦"，或者说"对什么产生了喜悦的情绪"。因此，我们可以从对话中抽取"天气"这个维度的信息作为情感分类的细化，对粗粒度情感做出更深一步的解释。

纵观目前的研究现状，有价值的情感信息单元主要有以下 4 种。

（1）评价词语。评价词语又称极性词、情感词，特指带有情感倾向性的词语，如优秀、好用等。显然，评价词语在情感文本中处于举足轻重的地位，评价词语的识别和极性判断在情感分析领域创建伊始就引起了人们极大的兴趣。

（2）评价对象。评价对象是指情感评价文本（如评价词语）的描述对象，也是产品评论篇章中的主要话题。例如，在评价句"佳能 600D 的镜头不错"中，评价对象是"佳能 600D 的镜头"。评价对象在产品评论中是主线，情感评价文本是对它的修饰。

（3）观点持有者。观点持有者的抽取在基于新闻评论的对话情感分析中显得尤为重要，它是观点/评论的隶属者，如新闻评论句"我国政府坚定不移地认为台湾是中国领土不可分割的一部分"中的"我国政府"。

（4）评价搭配。评价搭配是指评价表达及其所修饰的评价对象的搭配，表现为二元对〈评价对象,评价表达〉，如情感句"这辆车的油耗很高"中的〈油耗,高〉。评价搭配是一种典型的组合评价单元，具有更完备的情感信息指示，对于处理文本情感计算的上层任务更有帮助。

在情感对话机器人系统中，对话的"话题"和"用户"是两个非常重要的信息，它们可以为情感对话机器人的"情感管理"环节提供重要的管理依据。相应地，情感抽取中的评价对象抽取等任务为这两个信息的获取提供了重要的技术支撑。

3. 情感生成

情感生成是指生成带有情感的文本。如果说情感分类和情感抽取是针对情感的自然语言分析任务，那么情感生成就是一个从无到有的逆过程，是一种典型的文本生成任务。根据需求的不同，情感生成又可以分为以下4个具体任务。

（1）情感回复生成。情感回复生成是针对上文的对话内容和指定的情感标签，生成相应的对话回复。例如：针对上文"今天我考试又考砸了！"和指定的情感标签"愤怒"，生成符合上文内容和情感的回复"你太不让人省心了！"。与对话回复生成任务的最大不同是，情感回复生成不仅需要考虑上文的内容，还需要考虑用户的情感状态。

（2）情感文摘。文摘是自然语言处理领域中一项重要的研究任务，一般的文摘面向的是新闻文本，由客观内容构成，即在保证核心内容的情况下缩短文本的长度。我们将对评论文本进行摘要称为情感文摘，它需要对其中蕴含的情感和与情感相关的信息单元进行特殊处理。

（3）评论生成。评论生成主要是根据给定的主题和情感倾向性，由无到有地生成相应的评论。例如：根据给定主题"饭菜"和情感倾向性"褒义"，生成评论"我喜欢这家饭店的锅包肉，太好吃了"。

（4）情感风格迁移。情感风格迁移（或称文本情感风格转换）任务研究只改变文本的情感语义部分而不改变其他语义成分的问题。例如：将句子"今天天气真差"中的情感转移为"今天天气不错"。

显然，情感生成技术中的情感回复生成和情感风格迁移任务是情感对话机器人任务体系中"情感表达"的重要研究步骤。截至本书成稿之日，情感回复生成的相关工作主要集中于粗粒度情感信息的处理，还没有着眼于细粒度的情感信息。如何兼顾多维多源的细粒度情感信息，是未来情感对话生成技术的突破口。

4. 情感推理

如果将情感分类、情感抽取看作文本情感计算的语义理解部分，那么基于这些基础的情感语义理解，我们可以进行一些情感推理工作。这些推理工作都是透过表象看本质，属于自然语言处理的高级阶段，具体可分为隐式情感分析任务和多模态情感分析任务。

（1）隐式情感分析。由于社交媒体中口语化严重，主要表现为情感词使用较隐晦，隐式情感表述较常见。事实上，说话隐晦也是人类具备高情商的重要体现。例如："我今天考试不及格"和"我今天中奖了"均不含有任何情感词,却分别表达出"悲伤"和"喜悦"的情感。由于无法从句子内部获取情感证据,我们需要从外部资源或者外部上下文中对其进行推理。隐式情感一般分为事实型隐式情感和修辞型隐式情感两种。

(2)多模态情感分析。在多模态场景下,该任务旨在通过多模态学习技术让机器像人类一样理解情感和表达情感。由于多种模态的参与,来自各种模态的情感特征有可能出现冲突,如何融合特征和解决冲突,可以看作情感计算中的推理问题。多模态情感分析由于融合了多个研究方向的技术,且重要性高,本书后续章节会进行具体介绍。

从情感分类、情感抽取到情感生成和推理的过程,是机器类人化逐渐走向高阶的过程。情感对话机器人本质上是与人类进行沟通的技术载体,更需要情感推理技术的投入。尽管截至本书成稿之日,情感推理方面已有的工作成果还不多,但是这些技术无疑会对人机对话中隐式情感的理解以及多模态情感对话理解有借鉴价值。

1.3.3 人机对话技术

通常来说,人机对话任务框架包含5个主要的功能模块,如图1-8所示。语音识别模块负责接收用户的语音输入并将其转换成文字形式,交由自然语言理解模块进行处理。自然语言理解模块在理解了用户输入的语义之后,将特定的语义表达式输入对话管理模块中。对话管理模块负责协调各个模块的调用及维护当前对话状态,并选择特定的回复方式,交由自然语言生成模块进行处理。自然语言生成模块生成回复文本,并发送给语音合成模块。语音合成模块则将接收到的文字转换成语音,并输出给用户。这里我们仅以文本输入形式为例介绍聊天机器人系统,语音识别和语音合成相关技术则不再展开介绍。

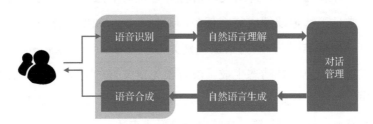

图 1-8 人机对话任务框架

1. 自然语言理解

自然语言理解的目的是为聊天任务生成一种语义表示形式。通常来说,聊天机器人系统中的自然语言理解功能包括用户意图识别、指代消解、省略恢复、回复确认及拒识判断等技术。

（1）用户意图识别。用户意图包括显式意图和隐式意图。显式的意图通常对应一个明确的需求，如用户输入"我想预定一个标准间"，明确表明了想要预定房间的意图；隐式意图则较难判断，如用户输入"我的手机用了三年了"的意图，有可能是想要换一个手机或者显示其手机性能和质量良好。

（2）指代消解和省略恢复。在人与人的对话过程中，由于具备聊天主题背景一致性的前提，人们经常使用代词来指代上文中的某个实体或事件，或者干脆省略一部分句子成分。但对于聊天机器人系统来说，只有明确了代词指代的成分以及句子中省略的成分，才能正确理解用户的输入，给出合乎上下文语义的回复，因此需要进行代词的消解和省略的恢复。

（3）回复确认。用户意图有时会带有一定的模糊性，这时就需要系统具有主动询问的功能，对模糊的意图进行确认，即回复确认。

（4）拒识判断。聊天机器人系统应当具备一定的拒识能力，主动拒绝识别超出自身回复范围或者涉及敏感话题的用户输入。

当然，词法分析、句法分析以及语义分析等基本的自然语言处理技术对于聊天机器人系统中的自然语言理解功能也起到了至关重要的作用。

2. 对话管理

对话管理功能主要协调对话系统的各个部分，并维护对话的结构和状态，其中涉及的关键技术主要有对话行为识别、对话状态识别、对话策略学习和对话奖励等。

（1）对话行为识别。对话行为是指预先定义或者动态生成的对话意图的抽象表示形式，分为封闭式和开放式两种。封闭式对话行为是将对话意图映射到预先定义好的对话行为类别体系，常见于特定领域或特定任务的对话系统，如票务预订、酒店预订等。例如："我想预订一个标准间"，这句话被识别为 Reservation（Standard_room）的对话行为。相对地，开放式对话行为则是动态生成，没有预先定义好的对话行为类别体系，常见于开放域对话系统，如聊天机器人。例如："今天心情真好啊"这句话的对话行为可以通过隐式的主题、N 元组、相似句子簇、连续向量等形式表达。

（2）对话状态识别。对话状态与对话的时序及对话行为相关联，在 t 时刻的对话行为序列即为 t 时刻的对话状态。因此，对话状态的转移就由前一时刻的对话状态与当前时刻的对话行为决定。

（3）对话策略学习。该技术通常是通过离线的方式，从人人对话数据中学习对话的行为、状态、流行度等信息，从而将其作为指导人机对话的策略。这里，流行度通常是指特定模式在语料库中的频度。

（4）对话奖励。对话奖励是对话系统的中间级评价机制，但会影响对话系统的整体评价。常见的对话奖励有槽填充效率和回复流行度等。

3. 自然语言生成

自然语言生成通常是指根据对话管理部分产生的非语言信息，自动生成面向用户的自然语言反馈。近年来，聊天机器人系统中的对话生成技术主要涉及检索式和生成式两类。

（1）检索式对话生成技术。检索式对话生成的代表性技术是在已有的人人对话语料库中通过排序学习技术和深度匹配技术找到适合当前输入的最佳回复。这种技术的局限是仅能以固定的语言模式进行回复，无法实现词语的多样性组合。

（2）生成式对话生成技术。生成式对话生成的代表性技术则是从已有的人人对话中学习语言的组合模式，并通过一种与机器翻译中常用的"编码-解码"类似的过程逐字或逐词地生成一个回复。这种回复有可能是从未在语料库中出现的、由聊天机器人自己"创造"出来的句子。

情感对话机器人的"对话情感识别""对话情感管理"以及"对话情感回复生成"3个模块框架源于人机对话的技术框架。在兼顾对话内容的基础上，情感对话机器人需要更侧重于情感的识别、推理和表达。

1.3.4 多模态学习技术

多模态一般是指两种或两种以上数据形式（如文本、图像和声音等）共存的模态。多模态学习是指从多种模态的数据中提取出语义信息，或表示、或对齐、或融合，供上层应用服务。早期的多模态语义依靠原始数据信号（词袋模型、频谱特征），语义表示非常匮乏。近年来随着深度学习的发展，多种模态的语义表示的壁垒被打破，计算机可以处理和理解的向量形式成为多模态的主要表示形式。

多模态学习技术不是自然语言处理领域独有的技术，在图像处理、视频处理以及智能语音等领域中都能找到多模态相关技术的身影。对自然语言处理领域而言，其他模态的语义事实上为文本语义的理解提供了更多的参考证据。例如：对于命名实体识别任务而言，来自图像的特征可以帮助我们更容易地分辨出某一个人是"歌星"还是"运动员"；对于分词任务而言，语音的停顿特征可以为分词提供一定的证据；对于知识图谱而言，图像极大地扩充了每个概念的语义。此外，为了获取更准确的语义表示，很多公司投入了大量的算力来训练多模态语义表示模型。例如：百度大脑3.0的多模态深度语义理解包含了视觉、语音、自然语言、数据语义以及多元语义因素，其目的不仅是让机器听清、看清，更要深入理解其背后的含义，从而更好地支撑各种应用。

近两年，多模态情感计算技术开始加速发展，一大契机是社交网络的快速发展。人们在社交网络平台上的表达方式变得更加丰富，越来越多的人选择使用视频来表达自己的观点和情感。如何分析这些多模态数据中人们所表达的情感，成为当前情感分析领域面临的机遇和挑战。以往情感分析系统仅通过文本来预测情感，但文本提供的信息有限或可能有歧义，如在反讽句中常常利用积极的词语来表达消极的情感，很可能导致情感分析系统难以准确地识别出其表达的情感。相对于单模态数据文本，多模态数据扩展了数据的维度，提供了更多的信息，使得模型不仅可以考虑到文本中的信息，还可以综合利用其他模态中的信息，如音频中的语调、图像中的面部表情，帮助情感分析系统对情感进行更准确的识别。

虽然多模态数据包含了更多的信息，但是分析和处理来自不同模态的异构数据（如音频数据、图像数据、文本数据）给研究人员带来了巨大的挑战。第一个挑战是研究人员往往专注于研究一种模态数据（如自然语言处理领域的研究人员主要研究文本，而语音信号处理领域的研究人员专注于研究语音），而很少涉及对其他模态数据的分析和处理，但是研究多模态数据需要对各个相关领域的技术和基本方法都有较为全面的了解。此外，多模态数据包含更多有效信息的同时也包含了更多的无效信息，如处理一秒的音频数据和一秒的视频数据就要分别处理上万个采样点信号以及数十张包含成千上万个像素点的图片，如何从这些信息中挖掘出对情感信息有用的信息，如何高效融合来自不同模态的情感信息，就也是多模态情感分析面临的第二个挑战。

综上，多模态语言计算的蓬勃发展不仅来源于对互联网社交平台上多模态数据所表达的情感进行理解和分析的需求，还来源于对更自然的人机交互的需求。随着人工智能技术的快速发展和应用，具备一定智能的机器人逐渐被开发并投入使用（如软银 Pepper 服务机器人）。对于在餐厅、机场、家庭等商业场所服务人类的机器人来说，通过从真实环境中收集到的多模态数据（如语音、图像等）理解和感知人类情感，并对人类情感作出适当反应，将是它们必不可少的功能。基于此，多模态学习技术将会为情感对话机器人在多模态场景下的研究提供理论和算法的支撑。

1.4　情感对话机器人的技术难点

通过与目前的情感对话机器人进行多轮对话调研可以发现，大部分现有的情感对话机器人可以做到侃侃而谈，但是时常文不对题、鸡汤满篇。情感识别、理解与表达存在的问题导致它们很难做到真正的善解人意。这也意味着在情感交互方面，目前的情感对话机器人并不完善，技术上还面临一些难题。

1. 文本情感识别精准度不高

自然语言包含了丰富的情感因素，情感对话机器人要想与人类进行情感交互，需要对情感语义有足够的了解。然而，目前文本情感分析领域中情感识别算法里用户信息的缺失以及大规模词典资源、隐式情感分析技术的欠缺使得情感对话机器人对用户的情感识别精准度不高。例如，如果情感对话机器人未能识别出用户表达的"我今天考了满分"中喜悦的情感，就不能给出恰当的回复。

2. 缺乏深层情感理解技术

目前的情感对话机器人所采用的情感分析技术大多仅停留在识别出用户的情感（如喜悦、悲伤）上，属于浅层的情感分析，缺少深层次的对话情感管理。较少的情感信息将导致对话机器人的回复很难抓住重点。例如，如果情感对话机器人没有把握住用户"喜悦"情感的原因是"考了满分"，就会使得回复文不对题。情感对话机器人如果具备深层情感理解的技术，获知用户产生某种情感的原因、用户感兴趣的话题、用户的性格等信息，其回复将会更有针对性。因此，目前的情感对话机器人亟待对话情感管理环节的加入。

3. 文本情感表达过于教案化

用户向情感对话机器人表达情感时，希望得到的不是一个精确的答案，而是个性化、多元化的交流。用户也期待能够通过一段时间的交流，训练出不同于他人的、专属于自己的机器人。目前的情感对话机器人在进行情感交流时使用的是传统的回复生成技术，很少考虑用户的特点、喜好，以及当前的情感因素、话题以及产生情感的原因，这将导致生成的回复过于教案化，用户体验较差。

4. 多模态场景下的对话情感回复生成更为复杂

多模态场景为情感对话机器人引入了更多更真实的情感特征，同时也带来了诸如多模态特征融合、对齐等挑战。由于多模态的情感表达具有语义复杂、情感倾向有时不一致等特点，因此需要细致梳理在对话和多模态双重场景下的情感计算的研究重点和难点。尤其关键的一点是，多模态对话场景相关的语料较为匮乏，这为将现有的对话情感技术扩展到多模态场景带来了阻碍。

此外，情感对话机器人系统在"情感计算"和"人机对话"这两个研究领域基础上，具有其研究任务的特殊性。

（1）情绪是主流

与评论中的情感不同，情感对话机器人中的情感交互以情绪为主，往往反映的是用户的情绪，而非情感倾向性，表现为喜悦、愤怒、悲伤、恐惧、惊奇等。例如，"今天是我的生日，好多礼物好开心呐"表现出用户"喜悦"的情绪。情绪的类别较多，且有个别情绪区分度受限（如"悲伤"和"愤怒"），这给对话情感识别带来了一定的困难。

（2）用户信息在情感中的参与性

由于情感对话机器人的聊天对象是用户，更强调用户的个性化与参与性。例如：同样表达"心情不错"这个情感，开朗外向的用户会用"好极了"来表述，而谨慎内向的用户会用"还可以"来表述，这为对话情感识别带来了挑战。

（3）话题信息在情感中的参与性

用户所讨论的话题与要生成的回复的情感之间有非常直接的联系。例如，"我生病了，好难受啊"的情绪是"悲伤"，自动生成的回复的情绪之所以是"同情"，是由上文中"生病"的话题决定的。同理，如果上文是"天呐，我考试又没及格"，其情绪同样是"悲伤"，而下文生成的情绪就很有可能是"愤怒"。由此可见，生成回复的情绪是跟话题息息相关的。

（4）隐式情感占一定比例

情绪化、口语化和随意性是对话内容的特点，这也导致了情感对话机器人系统中隐式情感句所占比例较大。例如："我今天考试不及格"和"我今天中奖了"均不含任何情感词，却分别表达出"悲伤"和"喜悦"的情感。由于隐式情感句内部的情感信息较为隐晦，局部考察情感句内部特征将无法提供足够的情感分类证据，因此需要依赖外部的背景知识。如何获取一定规模的、多种类的背景知识是亟待解决的关键科学问题。

（5）情感回复的不确定性

传统情感识别任务中生成的情感回复是确定的。然而对于对话场景下的情感识别任务而言，针对一个用户给出的带有情感的上文，情感回复具有一定的不确定性。例如，上文是"我今天考试不及格"，情感回复的情感有可能是"愤怒"，也有可能是"悲伤"，还有可能是"同情"，需要根据具体的话题和用户特性而定。因此，与之对应的情感推理任务并非分类任务，而更像是排序任务或多标签任务。

1.5　本章小结

本章介绍了对话机器人"智商"和"情商"产生的时代背景，以及深度学习技术、文本情感计算技术、人机对话技术以及多模态学习技术等 4 项情感对话机器人系统相关技术的研究背景和相关概念。最后，介绍了情感对话机器人面临的挑战和技术难点。

　　本书后续章节会基于对话机器人情感交互对话的特点，着眼于目前对话机器人的情感功能方面的技术缺陷，介绍适合情感对话机器人的相关研究及方案。这些研究将突破原有的文本情感分析任务的局限性，重点考虑情感对话机器人环境中情感识别、情感管理和情感表达 3 个侧面，更有针对性地提高情感对话机器人系统中情感识别的精准度，深入理解用户产生情感的原因，并使情感表达更加自然和多元化。这些技术可以为情感对话机器人注入更多的"情商"，有目的地捕获与用户情感表达相关的信息，通过分析人类口语化语言中表达的不同情感来猜测用户的心情和产生的原因，并通过情感生成技术来附和感受、做出最富人性化的回复，以此传递情感。此外，这些面向自然语言的情感对话机器人技术可以与多模态学习技术进行充分结合，移植到实体情感对话机器人中，使其拥有更高、更全面的智商和情商，在与用户的对话中增强实体机器人的情感互动能力，使其成为一个有情趣、有温度的陪伴者。

第 2 章
文本语义表示基础

文本语义表示是文本情感分析的重要基础，因此也是情感对话机器人相关技术的基础。机器学习中的语义表示方法是将自然语言形式的词语、句子编码成向量特征，以实现语义的计算分析。本章首先介绍机器学习中基于统计的词（Word）的表示和文本的词袋表示；随后，介绍面向文本表示的深度学习模型，以及从静态到动态的词嵌入表示的学习。本章内容展现了文本语义表示的主要发展脉络。

2.1 引言

在使用机器学习的方法进行情感分析时，首先需要将文本表示为向量，其中每一维代表一个特征。例如，令向量 x 的每一维表示某个词在一段文本中出现的次数，如 x_1 表示"我"出现的次数，x_2 表示"喜欢"出现的次数，x_3 表示"照相机"出现的次数，x_4 表示"失望"出现的次数等，如果某个词在该句中没有出现，则相应的维被设置为 0。向量 x 的大小恰好为整个词表（所有不相同的词）的大小。然后，我们就可以根据对判断情感类别的重要性为每个词进行加权，如"喜欢"对应的权重可能就比较大，而"厌恶"对应的权重可能就比较小（可以为负数），对情感类别影响比较小的词（如"我""照相机"等）对应的权重可能会趋近于 0。这种文本表示的方法是两种技术的组合：词的独热（One-hot）表示和文本的词袋表示。

然而，独热表示会导致数据稀疏（Data Sparsity）问题。为了解决该问题，可以使用词的嵌入（Embedding）表示，即使用一个低维、连续、稠密的向量表示词。为了获得文本中的全部词，我们还需要对中文等语言的文本进行分词（Word Segmentation）处理；英文等语言的词虽然天然具有分隔符号，但是为了避免词表过大，导致出现大量未登录词的问题，我们也需要对英文的词进行子词（Subword）的切分。

另外，词袋表示忽略了文本中的词序对语义的影响，而使用多层感知器（Multi-layer Perceptron）、CNN、循环神经网络（Recurrent Neural Network，RNN）等深度学习模型可以解决该问题。本章会对这些模型的基本原理进行简要介绍。

最后，为了获得更好的嵌入表示，可以使用大规模未标注数据进行词嵌入表示的预训练，除了每个词使用唯一的嵌入表示（静态词嵌入表示）外，还可以根据上下文赋予不同的嵌入表示（动态词嵌入表示），这也是目前自然语言处理较热门的预训练语言模型技术。

2.2　词的表示

词（Word）是最小的能独立使用的音义结合体，是能够独立运用并表达语义或语用内容的最基本单元。词可以组合成短语、句子、篇章等，因此文本表示首先要解决的问题便是词的表示。机器学习中，词的表示本质上是词的向量化表示，整体可概括为两类：独热表示和嵌入表示。前者是基于统计的，具有高维、离散、稀疏的特性；后者则是低维、连续、稠密的。

2.2.1　词的独热表示

词的独热表示是最简单、最直观的词的向量表示方法，即使用一个词表大小的向量表示一个词（假设词表为 $\mathbb{V}$，则其大小为 $|\mathbb{V}|$），然后将词表中的第 i 个词 w_i 表示为向量：

$$e_{w_i} = [0, 0, \cdots, 1, \cdots, 0] \in \{0, 1\}^{|\mathbb{V}|}$$

在该向量中，词表中第 i 个词在第 i 维上被设置为 1，其余维均为 0。这种表示被称为词的独热表示或独热编码（One-hot Encoding）。

独热表示的一个主要问题就是不同词使用完全不同的向量进行表示，导致当应用于基于机器学习的方法时，独热表示会产生数据稀疏问题。例如，假设训练数据中只出现过"漂亮"而没有出现过"美丽"，一旦测试数据中出现了"美丽"，虽然它和"漂亮"很相似，但是系统仍然无法恰当地对"美丽"进行加权。当训练数据规模有限时，数据稀疏问题会导致很多语言现象没有被充分地学习到，从而极大地降低系统的准确率。

缓解数据稀疏问题的传统做法是除了词自身之外，再提取更多和词相关的泛化特征，如句法特征、词义特征、词聚类特征等。以词义特征为例，通过引入 WordNet 等语义词典，可以获知"漂亮"和"美丽"是褒义词，然后在词的独热向量中增加一维表示词的褒义性，并将其值设置为 1。当然，此时词的表示就不是"独热"向量了。利用类似的技术还可以表示词的贬义性等其他各种属性。可以说，在使用传统机器学习方法解决自然语言处理问题时，研究人员的很大一部分精力都用在了挖掘更多有效的特征上。

2.2.2　词的嵌入表示

虽然可以通过引入额外的特征部分解决数据稀疏问题，但是词的独热表示方式仍然存在以下 3 个问题。

（1）高维：词的独热表示的维度至少为词表大小，而一种语言常用的词表大小一般在十几万到几十万之间。

（2）离散：例如，词的独热表示会简单使用 1 表示褒义，没有体现程度。

（3）稀疏：向量中绝大部分维度值为 0。

为了解决以上问题，图灵奖得主约书亚·本吉奥（Yoshua Bengio）等人在 2003 年提出了词的嵌入（Word Embedding）表示方式，即直接使用一个低维、连续、稠密的向量来表示词，这种向量也经常直接简称词向量。

然而，词的嵌入表示中向量每一维的值该如何设置呢？解决方案是将词的嵌入表示中的向量值看作机器学习模型的参数，然后随着模型在目标任务中的表现自动调整，这也被称为模型的优化或学习。

除了可以应用于机器学习模型外，词的嵌入表示还可以用于计算词的相似度和类比关系。词的嵌入表示基于向量空间表示词义，词义的相似度可以用向量之间的距离来度量。常见的向量距离度量有欧几里得距离、余弦相似度等，如图 2-1a 所示。词的嵌入表示蕴含了单词之间的类比关系，这一性质展示了词的嵌入表示与词义的相关性。如图 2-1b 所示，"男人"与"丈夫"的语义关系，可以类比于"女人"与"妻子"的语义关系。而在词的嵌入表示的向量空间中存在"女人"+（"丈夫"–"男人"）≈"妻子"的线性关系。

若将词的嵌入表示概念进一步扩展，还可以将类似的思想应用于更多的研究领域。例如在推荐系统中，商品、用户等也都可以进行嵌入表示，即向量表示，那么相似的商品、用户等的表示则比较相似，甚至用户感兴趣商品的表示与该用户的表示也会比较相似。

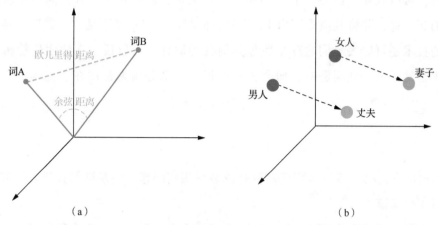

图 2-1 词的相似度与类比关系示例
(a) 相似度 (b) 类比关系

2.2.3 分词

使用词向量对文本进行表示之前，需要知道文本中都包含了哪些词。在以英语为代表的印欧语系（Indo-European Languages）中，词之间通常有明显的分隔符（空格等）来区分。但是在以汉语为代表的汉藏语系（Sino-Tibetan Languages），以及以阿拉伯语为代表的闪-含语系（Semito-Hamitic Languages）中，词之间却没有明显的分隔符。因此，为了表示文本，通常需要先对不含分隔符的语言进行分词操作。

1. 中文分词

中文分词就是将由一串连续的中文字符构成的句子分割成词语序列。例如，"我喜欢读书"，分词后的结果为"我 喜欢 读书"。正向最大匹配（Forward Maximum Matching，FMM）算法是一种比较简单的分词算法，其思路是从前向后扫描句子中的字符串，尽量找到词典中较长的单词作为分词的结果。

但是，正向最大匹配算法容易产生分词歧义问题。例如，对"研究生命的起源"进行分词，由于"研究生"是一个词，而且比"研究"更长，因此分词结果为"研究生 命 的 起源"，显然是错误的。另外，由于正向最大匹配算法依赖于词典，很多人名、地名以及新出现的词语等很难被全面、及时地收录到词典中，因此该算法对于未登录（Out of Vocabulary，OOV）词无法准确地进行分词。

学术界对于分词问题已经进行了长期的研究并出现了众多优秀的分词算法，可以较好地解决分词歧义以及未登录词等问题。目前，有一些开源的自然语言处理工具已经集成了这些算法，如哈尔滨工业大学研制的语言技术平台（Langue Technology Platform，

LTP）等。除了分词外，LTP 还提供了词性标注、命名实体识别、句法分析、语义依存分析等众多自然语言处理工具。以句法分析为例，利用该技术可以较好地解决细粒度的情感分析问题，如评价搭配问题（见图 2-2）。"好"和"快"一般都可用作表示积极的情感词。在图 2-2 中，"快"是评价"跑"这个对象的积极情感词，而"好"是对"快"的程度修饰。"好"与"跑"之间没有直接的修饰关系。借助句法分析工具可以准确地提取这类评价搭配特征。

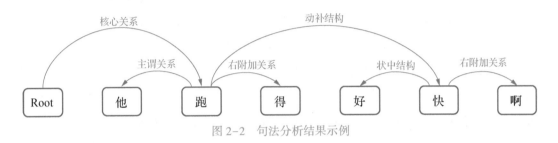

图 2-2　句法分析结果示例

2. 英文子词切分

一般认为，以英语为代表的印欧语系的语言中，词语之间通常已有分隔符（空格等）进行切分，无须再进行额外的分词处理。然而，由于这些语言往往具有复杂的词形变化，如果仅以天然的分隔符进行切分，不但会由于数据稀疏问题导致分析精度下降，还会由于词表过大导致处理速度降低。例如"computer""computers""computing"等，虽然它们的语义相近，但被认为是不同的单词。传统的处理方法根据语言学规则，引入词形还原（Lemmatization）、词干提取（Stemming）等任务，可以在一定程度上克服数据稀疏问题。其中，词形还原是指将变形的词语转换为原形，如将"computing"还原为"compute"；词干提取则是将前缀、后缀等去掉，保留词干（Stem），如"computing"的词干为"comput"，可见词干提取的结果可能不是一个完整的单词。

词形还原或词干提取虽然在一定程度上解决了数据稀疏问题，但是需要人工撰写大量的规则，这种基于规则的方法既不容易扩展到新的领域，也不容易扩展到新的语言上。因此，基于统计的无监督子词切分任务便应运而生，并在现代的自然语言处理模型中得到广泛使用。

所谓子词切分，就是将一个单词切分为若干连续的片段。常用的子词切分算法有多种，它们的基本原理大同小异，都是使用尽量长且频次高的子词对单词进行切分。常用的算法包括字节对编码（Byte Pair Encoding，BPE）、WordPiece、一元语言模型（Unigram Language Model，ULM）等，它们可以通过谷歌发布的 SentencePiece 开源工具方便地调用。

2.3　文本的词袋表示

如何通过词的表示构成更长文本（如短语、句子或篇章）的表示呢？本节介绍一种简单的文本表示计算方法——词袋表示。所谓词袋表示，就是假设文本中的词语是没有顺序的集合，将文本中的全部词所对应的向量表示（既可以是独热表示，也可以是嵌入表示）进行相加（或取平均），即构成了文本的向量表示。例如在使用独热表示时，文本词袋表示的每一维恰好是相应的词在文本中出现的次数。

文本的词袋表示方法已被广泛应用于传统的信息检索等领域，即将查询（Query）和文档（Document）都使用词袋模型表示为向量的形式，然后通过计算向量之间的相似度表示一个查询和一篇文档之间的相似程度，并根据相似度对全部文档进行排序。

除了直接计算两段文本之间的相似度外，文本的向量表示结果还可以作为机器学习模型的输入，从而完成分类（如情感分类）、回归（如情感强度识别）、抽取（细粒度情感分析）等各项任务。

2.4　面向文本表示的深度学习模型

基于词袋模型的文本表示完全损失了文本的结构信息，如语法、词序等，而文本结构信息对于正确理解文本语义至关重要。目前，深度学习模型是建模这类信息的主要工具。深度学习模型从训练数据中挖掘并拟合语言表达模式，从而自适应地对文本语法、词序等信息进行建模。本节介绍文本表示中常用的深度学习模型，包括感知器（Perceptron）模型、CNN 模型、RNN 模型和自注意力模型。

2.4.1　感知器模型

假设文本表示向量为 $x = [x_1, x_2, \cdots, x_n]$，其中 x_i 为第 i 维特征，则相应的权重向量为 $w = [w_1, w_2, \cdots, w_n]$，其中 w_i 为第 i 维特征对应的权重。对两个向量求点积，即对文本表示向量中每一维的值进行加权求和，得到分值 $s = w \cdot x = w_1 x_1 + w_2 x_2 + \cdots + w_n x_n$。如果 s 大于阈值 t，则判定该文本为正类别（如褒义），否则为负类别（如贬义）。该模型就是感知器模型。感知器模型的输出为

$$y = \begin{cases} 1, & s \geq t \\ 0, & \text{其他} \end{cases} = \begin{cases} 1, & \boldsymbol{w} \cdot \boldsymbol{x} \geq t \\ 0, & \text{其他} \end{cases}$$

$$= \begin{cases} 1, & \boldsymbol{w} \cdot \boldsymbol{x} + b \geq 0 \\ 0, & \text{其他} \end{cases}$$

其中，输出为 1 表示正类别，输出为 0 表示负类别；$b = -t$，又被称为偏差项（Bias）。

感知器模型本质上是一个线性分类模型，无法处理线性不可分的数据。为此，可以将多个感知器模型堆叠起来，形成多层感知器模型。通过对权重进行恰当地赋值，多层感知器模型可以较好地解决实际场景中常见的线性不可分问题。

上述模型中的文本表示向量 $\boldsymbol{x}$ 仍是使用词袋模型获得的，即将文本中的全部词的嵌入向量简单相加，这种做法至少存在以下 3 个明显的问题。这些问题无论是感知器模型还是多层感知器模型，都是无法解决的。

（1）词袋模型没有考虑不同的词对于文本表示贡献程度的差异。一个简单的解决方案是将不同的词赋予一定的权重，然后再进行加权求和，获得文本的向量表示。例如，可以使用一个词的词频–逆文本频率（Term Frequency-inverse Document Frequency，TF-IDF）值作为该词向量的权重。

（2）词袋模型没有考虑词的顺序信息。例如，虽然"张三 打 李四"和"李四 打 张三"含义不同，但是由于它们所包含的词相同，即使词序不同，词袋表示的结果也是一样的。

（3）词袋模型无法融入语境信息。例如，要表示"不 喜欢"，只能将两个词的向量进行相加，无法进行更细致的语义操作。这个问题可以通过增加词表的方法在一定程度上加以解决，比如引入二元（Bigram）词词表，将"不喜欢"作为一个二元词，同时学习二元词的词向量表示。这种方法既能部分解决否定词的问题，也能部分解决局部词序的问题，但是随着词表的增大，会引入更严重的数据稀疏问题。下面介绍的 CNN 模型较好地解决了该问题。

2.4.2 卷积神经网络模型

为了提取这些局部的 N 元（N-gram）信息，一个非常直接的想法就是使用一个小的线性层依次扫描文本序列中的全部 N 元词，每个 N 元词输出相应的结果：如果是某个特定的 N 元词（如二元词"不 喜欢"），则输出一个较大的值，否则输出一个较小的值。该操作又被称为卷积（Convolution）操作。其中每个小的、用于提取局部特征的线性层又被称为卷积核（Kernel）或者滤波器（Filter）。

　　然而，如果仅使用一个卷积核，只能提取单一种类的局部特征，而在实际问题中，往往需要提取很多种局部特征，如情感分类中不同的情感词或者词组（如"非常 漂亮""不是 很 好看"）等。因此，在进行卷积操作时，可以使用多个卷积核提取不同种类的局部特征。卷积核的构造方式大致有两种：一种是使用不同组的参数，并且使用不同的初始化参数，来获得不同的卷积核；另一种是提取不同尺度的局部特征，如情感分类中提取不同大小的 N 元词。

　　卷积操作输出的结果还可以进一步聚合，称为池化（Pooling）。常用的池化操作有最大池化、平均池化、加和池化等。以最大池化为例，其含义是仅保留最有意义的局部特征。例如在情感分类中，最大池化保留的是句子中对于分类最关键的 N 元词。池化操作的另一个好处是可以解决样本的输入大小不一致的问题。例如对于情感分类，有的句子比较长，有的句子比较短，因此包含的 N 元词数量并不相同，会导致抽取的局部特征个数也不相同，经过池化后，可以保证最终输出相同个数的特征。

　　多个卷积核输出多个特征，那么这些特征对于最终分类结果的判断，到底哪些比较重要，哪些不重要呢？只要再经过一个线性分类层就可以进行最终的决策。

　　最后，我们还可以将多个卷积层和池化层堆叠起来，形成更深层的网络。这些网络统称为 CNN。

　　上述沿单一方向滑动的卷积操作又称为一维卷积，适用于自然语言等序列数据。而对于图像等数据，由于卷积核不但需要横向滑动，还需要纵向滑动，此类卷积称为二维卷积，类似的还有三维卷积。由于它们在自然语言处理中并不常用，因此本书不进行更多介绍，感兴趣的读者可参阅相关的深度学习书籍。

2.4.3　循环神经网络模型

　　CNN 虽然能够抽取 N 元词的局部特征，但是一旦有效的特征距离大于 N，就会抽取失败。例如，短语"不 是 非常 喜欢"中有效的特征为"不 喜欢"，如果将 N 设置为小于等于 3 的值，那么 CNN 就会无法捕获这种长距离依赖的特征。而如果将 N 设置为较大的值，则会引入更多的参数，导致模型不易学习。

　　为了提取这种长距离依赖的特征，RNN 应运而生。本小节主要介绍两种在情感分析中常用的 RNN：原始的 RNN 和目前常用的长短时记忆（Long Short-term Memory，LSTM）网络。

1. 原始 RNN

　　假设输入序列有 n 个输入，分别为 $x_1, x_2, \cdots, x_n$，如果每个输入对应一个隐含层，分

别为 $h_1, h_2, \cdots, h_n$，网络的连接方式如图 2-3 所示，那么任意两个时刻的输入 x_i 和 x_j（$i<j$）都可以通过 $j-i$ 个隐含层产生依赖关系，这就在一定程度上解决了长距离依赖问题。其中，每个时刻的隐含层 h_t 的更新公式为

$$h_t = \tanh(W^{xh}x_t + b^{xh} + W^{hh}h_{t-1} + b^{hh})$$

式中，$\tanh = \dfrac{e^z - e^{-z}}{e^z + e^{-z}}$ 是激活函数，其形状与 Sigmoid 函数类似，只不过值域在 −1 到 +1 之间；t 是输入序列的当前时刻，其隐含层 h_t 不仅与当前的输入 x_t 有关，还与上一时刻的隐含层 h_{t-1} 有关，这实际上是一种递归形式的定义。另外需要注意的是，每个隐含层更新的参数（W^{xh}、b^{xh}、W^{xh}、b^{xh}、W^{xh}、b^{xh} 等）都是共享的。

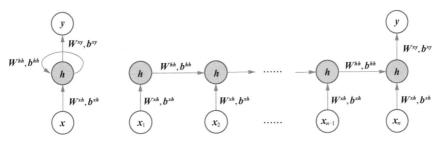

图 2-3　原始 RNN 处理序列输入示意图

在原始 RNN 中，每个时刻的输入经过层层递归，对最终的输出产生一定的影响，每个时刻的隐含层 h_t 承载了 $1 \sim t$ 时刻的全部输入信息，因此 RNN 中的隐含层也被称作记忆（Memory）单元。

上述原始 RNN 是在最后时刻产生输出结果，适用于处理文本分类等问题。除此之外，有的原始 RNN 还可以如图 2-4 所示，在每个时刻产生一个输出结果，这种结构适用于自然语言处理中非常常见的序列标注（Sequence Labeling）问题。

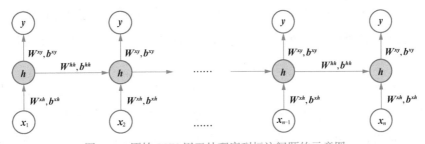

图 2-4　原始 RNN 用于处理序列标注问题的示意图

2. LSTM 网络

在原始的 RNN 中，信息是通过多个共享参数的隐含层逐层传递到输出层的，直观

上，这会导致信息的损失，也就是说无法准确地提取长距离依赖特征。更本质地，这会使得网络参数难以进行优化。为了解决这一问题，可以直接将 h_k 与 h_t（$k<t$）进行连接，即跨过中间的 $t-k$ 层，从而减少网络的层数，使得网络更容易被优化，如图 2-5 所示。

图 2-5　跨层连接的 RNN 结构图

那么，如何实现这种跨层连接呢？首先将 RNN 中隐含层的更新方式修改为加性方式，即

$$u_t = \tanh\left(W^{xh}x_t + b^{xh} + W^{hh}h_{t-1} + b^{hh}\right)$$

$$h_t = h_{t-1} + u_t$$

该更新方式可以进一步推导为 $h_t = h_{t-1} + u_t = h_{t-2} + u_{t-1} + u_t = \cdots = h_k + u_{k+1} + u_{k+2} + \cdots + u_{t-1} + u_t$，也就是说 h_k 直接与 h_t 进行了连接。另外，可以认为 h_{t-1} 存储了序列历史的长时信息，u_t 表示的是当前输入的短时信息，因此该网络结构又被称为 LSTM 网络。

不过，如果简单地将历史状态 h_{t-1} 和当前状态 u_t 进行相加，这种更新方式过于粗糙，并没有考虑两种状态对 h_t 贡献的大小。为解决这一问题，可以利用前一时刻的隐含层和当前输入来计算出一个系数，并以此系数对两个状态进行加权求和，具体公式为

$$f_t = \mathrm{Sigmoid}\left(W^{f,xh}x_t + b^{f,xh} + W^{f,hh}h_{t-1} + b^{f,hh}\right)$$

$$h_t = f_t \circ h_{t-1} + (1-f_t)\circ u_t$$

式中，Sigmoid 函数的输出恰好介于 0 到 1 之间，可作为加权求和的系数；$\circ$ 表示哈达玛（Hadamard）乘积，即按张量对应元素进行相乘；f_t 又被称为遗忘门（Forget Gate），因为如果其较小时，历史状态 h_{t-1} 对当前状态的贡献也较小，也就是将过去的信息都遗忘了。

然而，这种加权的方式有一个问题，就是历史状态 h_{t-1} 和当前状态 u_t 的贡献是互斥的，即如果 f_t 较小，则 $1-f_t$ 就会较大，反之亦然。但是这两个状态对当前状态的贡献有可能都比较大或者比较小，因此需要使用独立的系数分别控制。于是引入新的系数以及新的加权方式，即

$$i_t = \mathrm{Sigmoid}\left(W^{i,xh}x_t + b^{i,xh} + W^{i,hh}h_{t-1} + b^{i,hh}\right)$$

$$h_t = f_t \circ h_{t-1} + i_t \circ u_t$$

式中，新的系数 i_t 用于控制输入状态 $\boldsymbol{u}_t$ 对当前状态的贡献，因此又被称为输入门（Input Gate）。

类似地，还可以对输出增加门控机制，即输出门（Output Gate）：

$$o_t = \text{Sigmoid}(\boldsymbol{W}^{o,xh}\boldsymbol{x}_t + \boldsymbol{b}^{o,xh} + \boldsymbol{W}^{o,hh}\boldsymbol{h}_{t-1} + \boldsymbol{b}^{o,hh})$$

$$\boldsymbol{c}_t = f_t \circ \boldsymbol{c}_{t-1} + i_t \circ \boldsymbol{u}_t$$

$$\boldsymbol{h}_t = o_t \circ \boldsymbol{c}_t$$

式中，$\boldsymbol{c}_t$ 又被称为记忆细胞（Memory Cell），即存储（记忆）了截至当前时刻的重要信息。与原始的 RNN 一样，LSTM 网络既可以使用 $\boldsymbol{h}_n$ 预测最终的输出结果，又可以使用 $\boldsymbol{h}_t$ 预测每个时刻的输出结果。

无论是原始的 RNN 还是 LSTM 网络，信息流动都是单向的，这在一些应用中并不合适。例如对于词性标注任务，一个词的词性不但与其前面的单词及自身有关，还与其后面的单词有关，但是原始的 RNN 并不能利用某一时刻后面的信息。为了解决该问题，可以使用双向 RNN 或双向 LSTM 网络，简称 Bi-RNN 或 BLSTM，其中 Bi 代表 Bidirectional。它们的思想是将同一个输入序列分别接到向前和向后两个 RNN 中，然后将两个 RNN 的隐含层拼接在一起，共同连接到输出层进行预测。

另一类对 RNN 的改进方式是将多个网络堆叠起来，形成堆叠 RNN（Stacked RNN）。此外，还可以在堆叠 RNN 的每一层加入一个反向 RNN，这样就构成了更复杂的堆叠双向 RNN。

2.4.4　自注意力模型

在 RNN 中，由于信息是沿着时刻逐层传递的，因此当两个相关性较大的时刻距离较远时，会产生较大的信息损失。虽然有些 RNN（如 LSTM 网络等）引入了门控机制模型，可以部分解决这种长距离依赖问题，但是治标不治本。那么，是否可以直接计算两个距离较远的时刻之间的关系呢？

一个直观的想法就是直接将两个输入连接起来，也就是当要表示序列中某一时刻的状态时，可以直接通过周围的输入来进行计算，即所谓的"观其伴、知其义"，这又被称为自注意力（Self-attention）机制。由于周围输入对当前的状态表示的贡献大小并不一致，因此自注意力模型会先计算周围输入与当前输入之间的相关系数（又称注意力），然后再对周围输入使用注意力进行加权求和，以获得当前时刻的状态。

具体地，与 RNN 一样，假设输入为 n 个向量组成的序列 $\boldsymbol{x}_1, \boldsymbol{x}_2, \cdots, \boldsymbol{x}_n$，输出为每个向量所对应的状态，分别为 $\boldsymbol{h}_1, \boldsymbol{h}_2, \cdots, \boldsymbol{h}_n$，其中所有向量的大小均为 d。那么，$\boldsymbol{h}_i$ 的计算公

式为

$$h_i = \sum_{j=1}^{n} \alpha_{ij} x_j$$

式中，j 是整个序列的索引值，α_{ij} 是 x_i 与 x_j 之间的注意力（权重），其计算方式有多种，常用的方式为直接计算两个向量之间的点积，然后再利用 Softmax 函数进行归一化后获得。

注意力的直观含义是：x_i 与 x_j 越相关，则它们计算的注意力值就越大，那么 x_j 对 x_i 所对应的状态表示 h_i 的贡献就越大。

然而，要想真正取代 RNN，自注意力模型还需要解决如下问题。

（1）在计算自注意力的时候，自注意力模型没有考虑输入的位置信息，无法对序列进行建模。

（2）输入向量 x_i 同时承担了 3 种角色，即计算注意力权重时的两个向量以及被加权的向量，导致其不容易学习。

（3）自注意力模型只考虑了两个输入序列单元之间的关系，无法建模多个输入序列单元之间更复杂的关系。

（4）自注意力计算结果互斥，无法同时关注多个输入。

谷歌的研究人员提出的 Transformer 模型较好地解决了这些问题。关于 Transformer 的详细介绍请参照第 5 章。

2.5　词嵌入表示的学习

本书 2.2.2 节介绍了词可以使用嵌入（向量）的方式进行表示，但是为了获得较好的词嵌入表示，需要大量的训练数据。传统自然语言处理任务（如情感分类等）很难获取大量的人工标注训练数据，因为文本的有序性以及词与词之间的共现信息为自然语言处理提供了天然的自监督学习信号，使得无须额外人工标注也能够从文本中习得知识。本节介绍两种词嵌入的表示方式及其学习方法，即静态词嵌入表示的学习和动态词嵌入表示的学习。

2.5.1　静态词嵌入表示的学习

语言模型（Language Model，LM）是描述自然语言概率分布的模型，可以计算一个词序列或一句话的概率，也可以在给定上文的条件下对接下来可能出现的词进行概率分布的估计。

与传统的语言模型相比，神经网络语言模型（Neural Network Language Model）通过引入词嵌入表示，大大缓解了数据稀疏带来的影响。同时，利用更先进的神经网络模型结构（如 RNN、Transformer 等），可以对长距离上下文依赖进行有效的建模。当然，神经网络语言模型本身可以作为独立的模块，为很多下游任务（如机器翻译、语音识别等）提供辅助，同时还可以将学习到的静态词嵌入表示作为副产物供其他任务使用。

1. 前馈神经网络语言模型

前馈神经网络语言模型是比较简单、基本的神经网络语言模型。给定一段文本 w_1，$w_2, \cdots, w_n$，语言模型的基本任务是根据历史上下文对下一时刻的词进行预测，也就是计算条件概率 $P(w_t \mid w_1, w_2, \cdots, w_{t-1})$。为了构建语言模型，首先可以将该过程转化为以词表为类别标签集合的分类问题，其输入为历史词序列 $w_1, w_2, \cdots, w_{t-1}$，输出为目标词 w_t。然后，就可以从无标注的文本语料中构建训练数据集，并通过优化该数据集上的分类损失（如交叉熵损失或负对数似然损失）来对模型进行训练。由于监督信号来自数据自身，因此这种学习方式也被称为自监督学习（Self-supervised Learning）。

然而，如何处理动态长度的历史词序列（模型输入）呢？一个直观的做法是使用词袋表示，但是这种表示方式忽略了词的顺序信息。前馈神经网络语言模型利用了传统 N 元语言模型（N-gram Language Model）中的马尔科夫假设（Markov Assumption）：对下一个词的预测只与历史中最近的 $n-1$ 个词相关。由此可得

$$P(w_t \mid w_1, w_2, \cdots, w_{t-1}) = P(w_t \mid w_{t-n+1}, w_{t-n+2}, \cdots, w_{t-1})$$

因此，模型的输入变成了长度为 $n-1$ 的定长词序列。

接下来，前馈神经网络首先在词向量层对输入的 $n-1$ 个历史词序列进行编码，将每个词表示为一个低维的实数向量，即词嵌入；然后，将 $n-1$ 个词向量进行拼接后，令其经过一个多层感知器；最后，在输出层通过线性变换将隐含层向量映射至词表空间，再通过 Softmax 函数得到在词表上的归一化的概率分布。模型训练完成后，词向量层矩阵存储的映射参数则为预训练所得到的静态词向量。

在前馈神经网络语言模型中，对下一个词的预测需要回看多长的历史是由超参数 n 来决定的。但是，不同的句子对于历史长度 n 的期望往往是变化的。RNN 语言模型恰好可以解决这一问题，即使用 RNN 替代前馈神经网络。当然，也可以使用 Transformer 等更先进的神经网络结构。

2. Word2vec 词嵌入训练模型

从词嵌入表示学习的角度来看，基于神经网络语言模型的方法存在一个明显的缺

点：对 t 时刻词进行预测时，模型只利用了历史词序列作为输入，而损失了与"未来"上下文之间的共现信息。另外，由于使用了较复杂的多层感知器、RNN 等，模型无法利用特别大规模的数据进行训练，导致最终词嵌入表示的学习效果并没有达到令人满意的程度。

谷歌针对这两个问题，提出了训练效率更高、表达能力更强的 Word2vec 词嵌入训练模型，其中包括 CBOW（Continuous Bag of Words）模型以及 Skip-gram 模型。它们不再是严格意义上的语言模型，而是完全基于词与词之间的共现信息来实现词向量的学习。与该模型相关的开源工具 word2vec 在自然语言处理学术界和工业界得到广泛使用。

（1）CBOW 模型

对于给定的一段文本，CBOW 模型的基本思想是根据上下文来对目标词进行预测。例如，对于文本" $\cdots, w_{t-2}, w_{t-1}, w_t, w_{t+1}, w_{t+2}, \cdots$ "，CBOW 模型的任务是根据一定窗口大小内的上下文 $\mathbb{C}_t$（若取窗口大小为 5，则 $\mathbb{C}_t = w_{t-2}, w_{t-1}, w_{t+1}, w_{t+2}$）对 t 时刻的词 w_t 进行预测。

如图 2-6 所示，CBOW 模型的隐含层首先对词向量层进行取平均的操作（其中没有线性变换以及非线性激活的过程），然后直接使用 Softmax 函数预测 w_t。所以，我们也可以认为 CBOW 模型是没有隐含层的，这也是 CBOW 模型具有高训练效率的主要原因。

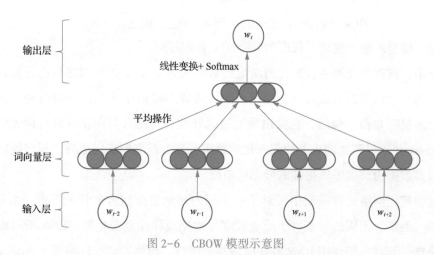

图 2-6　CBOW 模型示意图

另外，与神经网络语言模型不同，CBOW 模型不考虑上下文中单词的位置或者顺序，因此模型的输入实际上是一个"词袋"而非序列，这也是模型取名为"Continuous Bag of Words"的原因。

在 CBOW 模型的参数中，将输入层映射为词嵌入层的矩阵可作为词嵌入矩阵。

（2）Skip-gram 模型

Skip-gram 模型在 CBOW 模型的基础上作了进一步的简化，即使用$\mathbb{C}_t$中的每个词作为独立的上下文来对目标词进行预测。因此，Skip-gram 模型建立的是词与词之间的共现关系。

Skip-gram 模型的结构如图 2-7 所示，其中输入层是当前时刻 w_t 的独热编码，首先通过词向量层投射至隐含层。此时，隐含层向量即为 w_t 的词嵌入，输出层则是利用 Softmax 函数对上下文窗口内的词进行独立的预测。

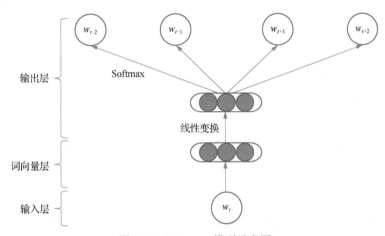

图 2-7　Skip-gram 模型示意图

与 N 元语言模型相比，Skip-gram 模型不基于连续的 N 元词进行下一个词的预测，而是跳过中间的若干词进行预测，因此被称为"Skip-gram"。

2.5.2　动态词嵌入表示的学习

无论是前馈神经网络语言模型，还是 Word2vec 词嵌入训练模型（包括 CBOW 和 Skip-gram 模型），对于任意一个词，它们都使用唯一的词嵌入进行表示，不随其上下文的变化而变化，其本质都是将一个词在整个语料库中的共现上下文信息聚合至该词的向量表示之中，即在一个给定的语料库上训练所得到的词向量可以被认为是"静态"的。

然而在自然语言中，同一个词在不同的上下文或不同语境中可能呈现出多种不同的词义、语法性质或者属性。例如，"高"这个词在短语"性价比 高"和"油耗 高"中的词义截然不同。一词多义是自然语言中普遍存在的语言现象，也是自然语言在发展变化过程中的自然结果。

在静态词向量表示中，由于词的所有上下文信息都被压缩、聚合至单个向量表示之中，因此难以刻画一个词在不同上下文或语境中的不同词义信息。

为了解决这一问题，研究人员提出了上下文相关的词嵌入（Contextualized Word Embedding）表示方法。顾名思义，在这种表示方法中，一个词的向量将由其当前所在的上下文计算获得，因此是随上下文的变化而动态变化的，因此又称为动态词嵌入（Dynamic Word Embedding）表示。在动态词嵌入表示中，上述例子中的"高"在两句话中会分别得到两个不同的词向量表示。

基于上述思想，很多与动态词嵌入相关的模型被提出。这些模型基于不同的特征提取结构实现了词的动态嵌入。本小节介绍其中具有代表性的 3 种模型：基于 LSTM 网络的 ELMo 模型、基于 Transformer 的 GPT 模型和 BERT 模型。

1. ELMo 模型

在一个文本序列中，每个词的动态词向量实际上是对该词的上下文进行语义组合之后的结果。而对文本这样的序列数据而言，RNN 恰好提供了一种有效的语义组合方式。

RNN 中每一时刻（位置）的隐含层表示恰好可以作为该时刻词在当前上下文条件下的词嵌入表示，即动态词嵌入。同时，RNN 可以通过语言模型任务来进行自监督学习，而无须任何额外的数据标注。

基于该思想，ELMo（Embeddings from Language Models）模型被提出。对于给定的一段输入文本 $w_1, w_2, \cdots, w_n$，ELMo 模型会基于 LSTM 网络预训练两个方向（从前向后和从后向前）的语言模型。这样做的好处在于，对于文本中任一时刻的词，可以同时获得其分别基于左侧上下文信息和右侧上下文信息的表示。

双向语言模型预训练完成之后，ELMo 模型的编码部分（包括输入表示层以及多层堆叠 LSTM 网络）便可以用来计算任意文本的动态词向量表示。比较自然的做法是使用两个 LSTM 网络的最后一层隐含层输出作为词的动态向量表示。

ELMo 模型能够有效提升情感分析、自动问答、文本蕴含、信息抽取等多项自然语言处理任务的性能。

2. GPT 模型

OpenAI 公司在 2018 年提出的生成式预训练（Generative Pre-Training，GPT）模型又进一步提升了各项自然语言处理任务的效果，并正式将自然语言处理带入"预训练"时代。"预训练"时代意味着利用更大规模的文本数据以及更深层的神经网络模型学习更丰富的文本语义表示。

与 ELMo 模型类似，GPT 模型仍然以语言模型为学习目标，不过 GPT 模型只使用了单向语言模型，即从左至右对输入文本进行建模。与 ELMo 模型不同的是，GPT 模型整体采用了基于多层 Transformer 模型的结构。

下游任务（Downstream Task）在使用 GPT 模型的时候，也不是仅仅将该模型的输出结果作为词向量，而是使用整个多层 Transformer 模型结构作为下游任务的模型，并使用下游任务数据精调（Fine-tuning）模型的参数，以使模型与下游任务更加契合，获得更好的下游任务应用效果。

GPT 模型的出现打破了自然语言处理各个任务之间的壁垒，使得搭建一个面向特定任务的自然语言处理模型不再需要了解非常多的任务背景，只需要根据任务的输入输出形式应用这些 GPT 模型就能够达到不错的效果。

因此，GPT 模型提出的"预训练+精调"的模式，使得自然语言处理模型的搭建不再复杂，并成为自然语言处理的新范式。

3. BERT 模型

在进行下一个词预测的时候，GPT 模型仅能使用单侧历史的词语，这往往给预测带来了更多的不确定性。谷歌提出的 BERT（Bidirectional Encoder Representation from Transformers）模型较好地解决了该问题。

BERT 模型并没有采用传统的基于自回归的语言建模方法，而是引入了基于自编码（Auto-encoding）的预训练任务来进行训练，即掩码语言模型（Masked Language Model，MLM）。

掩码语言模型是一种类似于完形填空（Cloze）的做法：首先将输入文本中的部分单词进行掩码（Mask），然后通过深层 Transformer 模型还原为原单词。这种做法避免了双向语言模型带来的信息泄露问题，迫使模型使用被掩码词周围的上下文信息对掩码位置的词进行还原。

除了掩码语言模型任务之外，BERT 模型还引入了下一个句子预测（Next Sentence Prediction，NSP）任务。该任务是一个二分类任务，需要判断句子 B 是否为句子 A 的下一个句子。其训练样本的产生方式为：选择自然文本中相邻的两个句子分别作为句子 A、句子 B，以构成"下一个句子"关系；将句子 B 替换为语料库中任意一个其他句子，即构成"非下一个句子"关系。

除了上述的基本预训练任务之外，BERT 模型还可以引入更多的预训练任务，以进一步提升预训练难度，从而挖掘出更加丰富的文本语义信息。

2.6 本章小结

本章主要介绍将文本表示为机器学习算法所需的向量形式的方法。这些方法作为基础，是对话情感识别、对话情感回复生成相关算法中重要的理论和技术支撑。首先，介绍了词的独热表示和嵌入表示两种词表示方式；然后，介绍了从无分词标记的文本中识别出词（中文分词），以及对词形变换丰富的词进行子词切分的方法；接着介绍了一种简单的将词表示组合为文本表示的词袋模型。为了更好地对词进行组合，本章还对 CNN、RNN、自注意力模型等深度学习模型进行了简要的介绍。最后，本章介绍了两种学习词嵌入表示的方法，即静态词嵌入表示的学习和动态词嵌入表示的学习。

第 3 章
对话情感识别

对话情感识别是情感对话机器人系统的基础任务。本章首先给出对话情感识别的任务定义并分析任务特点，然后介绍与对话情感识别有关的情感计算任务——粗粒度情感分类算法和细粒度情感分类算法，最后针对对话情感识别任务的算法进行分门别类的介绍。

3.1　对话情感识别的任务定义与任务分析

对话情感识别是指在人机对话场景下，识别用户当前话语中蕴含的情感，为对话情感管理和对话情感回复生成提供必要条件。图 3-1 是哈尔滨工业大学的人机对话系统笨笨的展示案例，对于该案例，对话情感识别即识别出用户当前话语"我生病了，好难受啊"中的情绪为"悲伤"。从任务定义来看，对话情感识别任务与情感分类任务非常相似，都是将一段文本按照事先定义好的情感体系进行分类。它们最大的区别在于，传统的情感分类处理的对象是产品评论或事件评论，而对话情感识别处理的是对话场景，有其特殊性。

首先，产品评论主要是用户对某项产品或其属性进行评论，往往反映的是用户的情感倾向性，表现为褒义（如"苹果手机很好用"）或贬义（如"这款手机的续航能力差"），很少掺杂用户的个人情绪；而对话机器人中的情感交互对话往往反映的是用户的情绪，而非情感倾向性，表现为喜悦、愤怒、悲伤、恐惧、惊奇等。例如，"今天是我的生日，好多礼物好开心呐"表现出用户"喜悦"的情感。其次，同样是用户原创内容，产品评论更有针对性，对话机器人中的情感交互对话口语化更严重，主要表现为使用情感词较为隐晦，隐式情感表述较常见。例如，"我今天考试不及格"和"我今天中奖了"

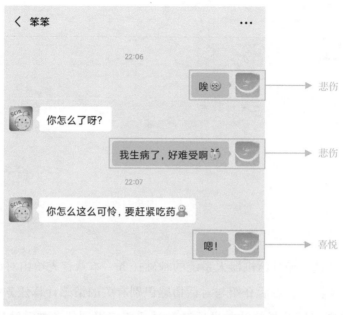

图 3-1　对话情感识别示例

均不含有任何情感词，却分别表达出"悲伤"和"喜悦"的情感。与产品评论语料相比，隐式情感句在聊天对话中所占比例更大。最后，与产品评论不同，对话机器人的聊天对象是用户，更强调用户的个性化与参与性。例如：同样表达"心情不错"这个情感，外向开朗的用户会用"好极了"来表述，而谨慎内向的用户会用"还可以"来表述，这为情感分类模型带来了挑战。由此可见，对话场景下的情感识别任务很有必要针对以上3个聊天内容的特点重新规划。

　　由于与对话情感识别最相关的任务就是文本情感分类任务，因此本章先介绍与此任务相关的算法思想（见3.2节和3.3节），再介绍以这些算法思想为基础的对话情感识别算法（见3.4节）。

3.2　粗粒度情感分类技术

　　粗粒度情感分类是最基础的情感分类任务，该任务只需给出待测试文本的情感类别。与粗粒度情感分类任务相对应的是细粒度情感分类任务，该任务除了要识别出正确的情感类别，还需要额外识别出一些与情感类别相关的细粒度信息，如评价对象、评价词等。本节从情感分类的定义、不同粒度的情感分类、面向领域迁移情感分类、面向语言迁移的情感分类，以及情绪分类这几个层面展开介绍。

3.2.1　情感分类的定义

情感分类是情感分析领域的基本任务之一，它侧重对给定文本序列的情感倾向进行分类。其中，文本序列可以是一个短语、一个句子或一个文档，这种文本长度的差异导致了语义构成上不同的复杂性。情感分类的输出标签可以是情感倾向性标签（积极、消极、中性）、星级评定（1 星~5 星）或情绪标签（快乐、悲伤、愤怒、惊讶等）之一。

3.2.2　不同粒度的情感分类

情感分类的模型可参考图 1-7，其中包含多种分类粒度，大部分的工作集中于句子级情感分类和文档级情感分类。

1. 句子级情感分类

句子级情感分类的研究内容是对给定句子的极性进行分类。例如，对于评论句"这道菜很难吃"，分类器应该将其判断为消极，因为它表达了消极的观点。现有的句子级情感分类模型可以粗略地分为以下几类：

（1）无注意力机制的神经网络：在现有工作中，学者们根据具体的问题使用多种神经网络模型对评论句进行情感分类。例如，有学者利用 CNN 通过卷积和池化操作对句子进行建模等。

（2）带注意力机制的神经网络：注意力机制的引入使得模型在分类的时候会有针对性地关注与情感相关的信息。例如，有学者在句子建模期间应用了自注意力机制，还有学者采用基于胶囊网络的方法，使用一个积极胶囊和一个消极胶囊来捕获相应的情感特征等。

（3）带外部资源的神经网络：很多外部资源，包括情感词典、词性标注工具、句法分析工具、SenticNet 等，通常能够为情感分类提供补充信息。由于情感词典包含情感词及情感强度分值，有学者将它们与上下文敏感的权重相结合来决定最终的情感类别。还有学者将情感词典视为一种词级先验，再利用积极和消极词典上的注意力机制来改进情感特征提取。此外，句法信息可以提供词表面之外的更深层次的情感关联信息，因此对深层次的情感分类任务而言是必不可少的。很多学者在对句子进行建模的初期会利用句法结构进行建模。例如，有学者在解析树的顶部应用递归自动编码器和递归神经张量网络，还有学者利用树拓扑扩展了基本的 LSTM 网络。

2. 文档级情感分类

与句子级情感分类类似，文档级情感分类侧重于识别给定文档的情感类别。由于基于 RNN 的序列模型很难直接在长文档中学习远距离语义依赖性，因此在大多数现有工作中，这个问题是通过采用分层结构的方式来解决：首先建模词到句子的组合，然后建模句子到文档的组合。此外，除了文档本身，还有不少工作考虑将发布文档的用户信息以及产品介绍信息（因为许多文档是产品评论文档）等外部信息引入算法模型中，进行融合建模。下面具体介绍这两种建模思想。

（1）分层建模：这是大部分研究人员采用的方法。很多学者提出了具有分层组合结构的神经网络模型，可以首先用 CNN 或 LSTM 网络对每个句子进行建模，然后将这些句子表示输入双向门控神经网络。为了更好地捕捉词到句子和句子到文档组合阶段中最显著的语义，还有学者利用了分层注意力结构。

（2）合并用户信息和产品信息：虽然许多文档来自产品评论，但是如果仅使用分层建模方法，会忽略用户偏好和产品详细信息，因此可以分别使用用户和产品矩阵对其信息进行编码，形成更完备的文档级情感建模。例如，首先通过矩阵乘积捕获用户文本和产品文本表示，然后线性连接两个表示并应用非线性、卷积和池化操作来获得最终的句子特征，从而捕获用户和产品信息。其中，还有学者分别用用户和产品向量替换了用户和产品矩阵，然后使用连接向量从词和句子级别来处理文本。

除了以上研究方案，图神经网络（Graph Neural Network，GNN）和外部知识引入的方法也成为情感分类领域新的关注点。GNN 可以合理地融合各种层面的信息，例如有学者提出了一个文本图卷积网络来联合学习单词和文档的嵌入。在没有任何外部单词嵌入和知识的情况下，该网络的性能仍优于其他先进的方法。此外，单独一条评论句内部的情感信息极其有限，因此已有很多学者开始思考融入哪些外部知识以及如何融入外部知识，以提升情感分类的准确率。

尽管已有的工作在标准数据集上取得了很好的结果，但它们中的大多数都专注于设计架构，即仅从文本中学习更好的情感语义表示，缺少对外部知识及其他模态情感语义的挖掘。深度上下文相关词表示和语言模型的新进展提供了对大规模未标注数据的上下文建模的更好应用，因此基于情感表示的预训练语言模型值得研究。

3.2.3　面向领域迁移的情感分类

由于不同领域之间存在差异，在某一个领域中训练的情感分类器可能无法在新领域中理想地执行，因此需要更复杂的方法来弥补领域之间的这种特征差距。为了解决这个问题，本小节介绍两个任务，即跨领域情感分类和多领域情感分类。跨领域情感分类侧重于在不使用目标领域数据或仅使用有限数量的目标领域数据的情况下学习一个可迁移的特征提取器，而多领域情感分类旨在开发一个使用来自多个领域的数据训练的模型，使得该模型在所有这些领域中的平均性能达到最佳。图 3-2 给出了一个从电子产品领域到厨房用品领域的跨领域情感分类的例子。

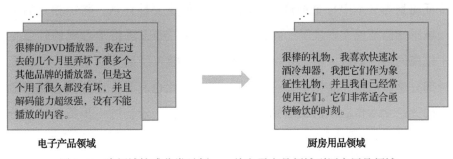

图 3-2　跨领域情感分类示例——从电子产品领域到厨房用品领域

1. 跨领域情感分类

由于源领域和目标领域的情感分类特征存在较大差异，且目标领域没有足够的标注数据，现有方法大多使用不同领域之间共享的情感特征作为"桥梁"，通过注意力机制和多任务等方式学习并对齐源领域和目标领域的情感特征。这些情感特征主要是一些通用的情感词、情感短语。与此类似，还有不少方法利用对抗学习的方式，筛选不同领域文本共享的高维情感表示，利用源领域的标签训练一个能分类共享情感特征的分类器，并应用到目标领域的情感文本分类上。除了情感词等特征，一些评价对象也会在不同的领域出现，有些方法会将这些评价对象作为不同领域共享的特征，进行领域间情感特征对齐。

随着预训练模型的发展，有不少方法通过在大量无标注的目标领域数据上继续预训练 BERT 模型，使 BERT 模型隐式地学习到不同领域之间的特征对齐信息，然后使用源领域的标注数据有监督地学习一个情感分类器，并直接应用到目标领域上。

2. 多领域情感分类

多领域情感分类任务对于这样的场景非常有用：有许多不同的领域，而每个领域只有有限数量的标注数据。多领域情感分类任务的现有方法可以分为以下几种。

（1）共享-私有模型。该模型是在共享网络 ［通常是堆叠的双向 LSTM（Bi-directional LSTM，BLSTM）网络］ 中捕获与领域无关的特征，并通过每个领域的特征提取器进行特定领域的表示。大多数模型只是简单地将这两个部分组合起来，并将它们输入一个共享的情感分类器，以获得最终的情感标签。

（2）对抗性共享–私有模型。有学者发现，从简单参数共享中获得的共享表示可能包含特定领域的特征，这可能会影响性能。他们将对抗性领域分类应用于共享部分，以强制学习领域无关的情感特征。

（3）基于注意力机制的模型。由于每个领域中重要的情感特征并不相同，许多方法尝试为每个领域学习一个领域区分度强的领域特征向量，然后结合注意力机制，使用这个特征向量为文本中每个词进行领域情感特征重要性评估，将加权之后的文本表示作为领域感知的情感文本表示。除此之外，还有一些方法将学习到的领域特征表示放到文本建模网络的词嵌入层，在每个词的表示中融入所属领域信息。在多领域情感分类中，部分领域的情感特征存在一定的共享，为此也有学者在这些方法基础上，为每个输入的评论文本自动学习最合适的领域向量混合表示，进一步提高情感分类器的性能。

截至本书成稿之日，现有工作尝试了多种方法来学习用于跨领域情感分类的领域转移任务的领域不变表示和用于多领域情感分类的额外领域感知句子表示。对于未来的工作，一方面可以预训练模型为基础，进一步在多领域评论中采用后训练语言模型，隐式地对齐不同领域的文本表示；另一方面也可以使用外部知识库，显式地对齐不同领域的评价词、评价对象等情感特征，进而学习领域通用的文本情感表示。当然，我们有理由相信，同时结合隐式、显式的领域特征对齐方式能够为多领域情感分类带来更好的性能。

3.2.4　面向语言迁移的情感分类

由于基于深度学习的方法严重依赖标注数据并且情感资源因语言而异，因此有必要将资源丰富的语言中的情感资源与资源贫乏（与英语相比）的语言相适应。因此，跨语言情感分类的任务解决了在没有任何该语言的标注数据的情况下学习在目标语言上运行良好的情感分类器的问题。类似地，多语言情感分类侧重于构建一个在所有感兴趣的语言中均运行良好的情感分类器。

有学者提出首先将训练数据翻译成目标语言，然后开发一个基于分层注意力机制的BLSTM 模型，用于对源语言数据和相应的翻译数据进行联合训练。通过这种方式，他们为目标语言学习了一个强大的情感分类器，并在使用英语作为源语言、中文作为目标语言的标准数据集上进行了验证。还有学者提出了对抗性深度平均网络，他们应用对抗性语言鉴别器来推动基于共享深度平均网络的特征提取器，以学习独立于语言的情感特征。该模型使用来自源语言的标注数据和来自两种语言的未标注数据进行训练，其性能大大优于基于谷歌翻译的强大管道（Pipeline）方法。

与之前只有一种源语言要转移的工作不同，有学者研究了使用多个来源的跨语言情感分类问题。除了学习语言不变的情感特征外，他们还利用专家混合结构来学习某些语言共享的特定特征。还有学者利用平行语料库学习的双语词嵌入，在跨语言和多语言环境中取得了良好的性能。

与情感分类中的领域迁移问题类似，随着不同语言上无监督大规模预训练的语言模型的普及，使用少量标注数据来对齐不同语言的高维情感语义表示，将会是一个更有意思、成本更低，且更具现实意义的做法。

3.2.5　情绪分类

为了在社交媒体上描绘一个人的多样化情绪状态，文本情感计算领域中出现了情绪分类任务。这个任务通常被认为是一个多标签分类问题，其中分类器需要用多个标签标注文本片段，如"快乐""悲伤""愤怒""厌恶""惊喜"或"恐惧"。由于每个句子可能包含一种或多种情绪，多标签情绪分类任务要么作为几个二元分类问题来处理，要么通过选择概率超过预设阈值的标签来处理。

目前的大部分方法是把情绪分类当作普通的分类任务，在常见的 BLSTM、CNN 等文本建模模型上应用注意力机制，学习有区分性的情绪特征表示。也有学者通过构建大规模细粒度情感数据集充分训练情感特征提取器，来提高现有模型的性能。

随着各国国际化程度的加深，不同文化间的往来更加密切，社交网络上不同语言混杂的情绪文本越来越多，如微博上就有不少中英混杂的用户评论。针对这类情绪文本，现有方法是应用基于多任务学习的模型，通过多语言注意力机制来为每一种语言选择合适的情绪特征，最后结合所有相关语言的情绪特征表示进行情绪分类。

3.3　细粒度情感分类技术

细粒度情感分类又称为对象级情感分类。除了给定文本的整体情感倾向外，了解观点针对的对象是谁（或什么），以及人们用来描述他们的观点的表达方式，对于实际单词应用更为重要。细粒度情感分类涉及许多上述任务，即评价对象抽取、评价表达的抽取以及评价对象级情感分类。这里，评价对象是目标实体的一个属性，例如笔记本电脑的键盘；评价表达是描述评价对象的语言片段。图 3-3 展示了一个包含评价对象抽取、评价表达抽取和评价对象级情感分类任务的细粒度情感分类示例。

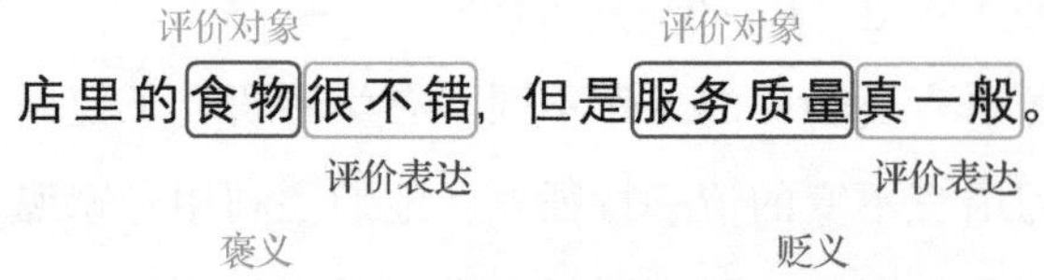

评价对象　　　　　　　　　评价对象

店里的 食物 很不错，但是 服务质量 真一般。

评价表达　　　　　　　　　评价表达

褒义　　　　　　　　　　　贬义

图 3-3　细粒度情感分类示例

有些数据集标注了评价对象的类别，例如：酒店领域的评论数据集中的评价对象包括"设施""卫生""位置"等类别。对于这些数据集，还有两类细粒度情感分类任务，即面向评价对象的类别识别任务（该任务需要检查文本是否在谈论预定义的评价对象类别）和基于评价对象类别的情感分类任务。

下面具体介绍评价对象抽取、对象级情感分类、细粒度情感分类中的联合模型，以及立场检测等。

3.3.1　评价对象抽取

评价对象抽取任务主要研究从文本中抽取出评论针对的对象或其属性，它是基于评价对象的情感分类的先决条件。依据采用的模型结构和外部资源，评价对象抽取的相关工作可分为如下几类。

1. 基于新颖结构的神经网络

最初的算法采用 RNN、BLSTM 等结构，以不同类型的词向量作为输入，去抽取评论文本中的评价对象。实验结果表明，这种算法超越了之前依赖丰富手工特征的条件随机场（Conditional Random Field，CRF）模型。后来有学者在网络中引入了一些更丰富的信息，如：句子摘要和标注模式的限制，在解码每个词的标签的过程中引入其词表示和位置信息等。还有学者从无监督算法的角度出发，提出了一种无监督的评价对象抽取算法。该算法挖掘出词级别和句子级别的上下文信息，并通过分析句子级别和词级别上下文的词分布情况，发现评价对象词和非评价对象词的上下文存在的不同。

2. 基于领域知识的神经网络

领域相关知识同时存在于标注数据和海量的无标注数据中。有学者提出了一种终身学习 CRF 模型，能够解决现有标注领域的持续学习问题。由于在特定领域的语料上训练的词向量会隐含地将评价对象的上下文词的表示映射到更相近的语义空间，因此有学者提出了双词向量算法，可同时利用通用词向量和领域相关词向量作为输入。

3. 基于外部资源的神经网络

除了领域相关的资源，一般的依存分析、通用词向量、情感词典等领域通用资源在评价对象抽取模型中也得到了应用。有的学者使用 RNN 编码依存路径关系，与词的线性上下文结合之后送入 CRF 模型，判断每个词是否为评价对象的一部分；有的学者提出了一种无监督的基于注意力机制的评价对象抽取算法，可使用词向量来自动发现关联紧密的评价对象，并利用注意力机制降低不相关词的权重；还有学者在评价对象识别任务之外，引入了一个弱监督的基于教师–学生的网络结构，超越了以往的弱监督学习算法。

此外，人们还对跨语言评价对象抽取问题展开了研究，旨在学习不同语言中评价对象的对齐方式。例如，有学者开发了一种基于转换的跨语言评价对象抽取模型，该模型利用转换系统中的不变配置进行转换；还有学者利用多语言词表示进行零样本跨语言观点评价对象抽取。

3.3.2 对象级情感分类

以往的情感分类任务往往只需给出文本的整体情感倾向性，还有一些任务则尝试推断文本对于给定评价对象或者其属性（方面）、评价类别的情感倾向性，因而这类任务的细粒度更高，通常被称为对象级情感分类任务。这类任务的评价对象可以是一个实体（Target），也可以是其属性（Aspect，也常译为方面），比如对于笔记本电脑实体，键盘是它的属性之一。以评论"食物很美味但是服务很糟糕"为例，该评论句对食物表达了褒义的情感，而对服务则表达了贬义的情感。不同的评价对象一般对应不同的评论内容，想要精确地刻画给定句子中评价对象对应评价内容的范围并不容易。因而，这个任务需要更复杂的模型来学习句子与其包含的评价对象之间的情感语义关联。对于现有的大部分基于属性的情感分类和基于评价对象的情感分类任务而言，其模型结构较为类似，本书后续章节统称为评价对象。

假定评价对象已经随评论句给出，现有的工作主要可以分为如下几类。

1. 学习评价对象相关的句子表示

根据评价对象在句子中出现的位置，我们可以把评论文本分为评价对象的上文和评价对象的下文。有学者提出用 LSTM 网络分别学习评价对象的上文和下文，并结合评价对象的表示，获得针对该评价对象的句子情感表示。由于上文和下文中不同词对最终情感倾向性的贡献存在差异，有学者在上述方法的基础上，提出了在建模上文和下文时引入注意力机制，以衡量评价对象的表示与每个词的相关程度，区分上文和下文中不同词的重要性。进一步地，单轮的注意力建模可能无法有效提炼重要的情感特征，有学者借鉴深层记忆网络结构，提出使用评价对象的表示多次递进地衡量上下文中不同词的情感贡献，从而学习一个考虑了评价对象的评论文本情感表示。还有学者发现，在上述网络的基础上，使用一个单独的门限循环单元（Gated Recurrent Unit，GRU）网络来建模注意力网络不同轮次的结果，可以带来性能的进一步提升。

除了普通的基于概率的注意力得分之外，也有学者提出基于 CRF 的离散注意力得分，即将文本分割为多个不同区域，辅助发掘隐含的评价词。这个方法不仅取得了不错的分类效果，还能同时输出解释情感标签的评价词语。除了使用注意力机制，还有学者直接在神经网络的输入层将评价对象类别向量与普通词向量结合，作为新的网络输入，也能更有效地建模每个上下文词与输入评价对象类别之间的语义关联。

近来，应用预训练语言模型的浪潮席卷了自然语言处理领域的各个任务。利用预训练模型中的预训练特征，以及文本深层自注意力交互结构的方法，能够更好地建模评价对象和文本之间的情感依赖特征表示，与之前的方法相比，能够进一步获得性能方面的提升。

2. 建模结构信息的神经网络

在评论文本中，常常会出现评价对象的位置与它对应的情感表述距离较远，或者一个情感表述对应多个评价对象的情形。而普通的基于语义相似度的注意力方法往往无法有效地建模上述现象。为此，有学者引入了句法和依存结构信息，以拉近评价对象到相关评价词的语义表示距离，并增大评价对象到无关内容的建模距离。在解析出的句法树或者依存结构上，基于自适应递归神经网络的方法取得了不错的分类效果。在这类方法基础上，有学者通过引入自动编码器提高了评价对象表示的质量，也带来了最终基于评价对象的情感表示质量的提升。

分析长评论文本中评价对象的情感倾向性时，除了句法结构外，句子之间的依赖关系也很重要。长评论文本中的不同句子有时表达的是类似的情感，有时表达的是与情感无关的内容。为此，有学者提出了层次化注意力的方法，即在普通的词到句子的建模基础上，增加了句子到文档的建模结构，可以有效地利用同一评论中不同句子之间情感信息的交互。

3. 建模多个评价对象之间关联的神经网络

上述模型每次只处理一个评价对象，因而忽视了同一个句子中不同评价对象之间的情感关联。为此，有学者提出同时建模句子中多个评价对象的方法。该方法首先为每个评价对象学习一个专门的情感表示，然后再用一个单独的 LSTM 网络依次连接这些情感表示。更进一步，还有学者在上述过程中引入了记忆网络结构。这些方法均有效地建模了不同评价对象之间的情感关联。

4. 基于外部资源的神经网络

由于细粒度情感分析语料标注起来较为烦琐，且成本高昂，而常见的语料一般数量有限，往往无法充分训练对象级情感分类模型。这时，充分利用现有的情感分析资源，或者使用可以低成本获取的情感标注数据，成为提升基于评价对象的情感分析模型的重要途径。

情感分析中，常见的情感资源包括情感词典、情感表情符、情感向量、SentiWordNet等。有学者使用这些基础的情感资源自动化地构建了大量情感相关特征，以解决社交媒体上基于评价对象的情感分类问题。还有一部分学者引入了结构化的外部知识，如SentiNet 情感知识库，并通过修改 LSTM 网络结构，融入知识库中的实体、情感知识。

除了这些人工整理的情感资源，文档级的情感标注也相对容易获取。有学者利用评论文本中评价对象的情感倾向性与整个文本的情感类别间的紧密关联，采用基于多任务或者预训练的方式，将文档级的情感特征隐式迁移到细粒度的情感分析任务中。类似地，与评价对象相比，基于评价对象类别的情感标注也更容易获取。有学者提出从后者的数据中学习情感知识，再迁移到前者上，也取得了性能的提升。

5. 隐式情感

目前，大部分细粒度情感分类工作都在探究评价对象在文本中显式出现，或者评价表达是显式、高频的情感表述。而在真实的语料中，评价对象、评价表达可能都是隐式出现的，如在评论"手机能用 10 小时"中，用户隐式地表达了对于"续航时间"的积极情感。近年来随着研究的深入，学者们也注意到现有的模型在隐式评价对象或者评价表达的数据上表现更弱。目前，基于对比学习的大规模预训练方法在这个问题上取得了一定突破。

可以看到，基于评价对象的情感分类问题在近些年得到了深入而广泛的研究，情感文本结构、外部情感知识、评价对象与评论文本的情感交互、评价对象与评价对象之间的情感交互等信息得到了细致的挖掘，为相关任务的性能带来了持续的提升。但是，基于评价对象的情感分类任务中仍存在复杂语义组合、反讽、隐式情感等问题，而相关研究尚处于初期阶段，有待学者们进一步探索。

3.3.3 细粒度情感分类中的联合模型

一方面，评价对象和评价表达之间、评价表达和情感类别之间存在语义关联，同时抽取评价对象、评价表达并判断其对应的情感类别，能够充分挖掘这些关联，提升分析质量；另一方面，在实际应用时，往往不会事先给定评价对象，这就要求细粒度情感分类模型能够同时抽取评价对象及其评价表达，并能给出对应的情感类别。为此，学者们越来越关注细粒度情感分类任务中的联合模型。这里的联合模型一般包括两种：联合抽取评价对象和评价表达，以及联合抽取评价对象及其情感类别。

1. 联合抽取评价对象和评价表达

为了同时抽取评价对象和评价表达，大部分方法基于多任务学习的方式，采用深层记忆网络、多层注意力网络等结构，学习评价词和评价对象之间的情感语义交互。

由于细粒度情感分类系统通常需要处理来自不同领域的情感文本，一些学者研究了跨领域场景下的联合抽取评价对象和评价表达的任务。一种想法认为用户在不同领域提及评价对象和表达情感的方式比较类似，其评论文本具有相同的句法结构，可以将这种结构信息作为不同领域共享的特征，采用递归神经网络模型同时抽取评价对象和评价表达。也有的方法是利用多层注意力结构，即用全局的注意力结构连接两个领域的局部注意力结构，间接实现不同领域的特征对齐。

2. 联合抽取评价对象及其情感类别

不同于联合抽取评价对象和评价表达，联合抽取评价对象及其情感类别需要同时给出评论文本针对评价对象的情感类别。由于该联合任务同时包含分类和序列标注任务，目前已有的方法主要可以分为两类：一类是 pipeline 方法，即首先抽取评价对象和评价表达、判断评价对象的情感类别，然后将评价对象与评价表达进行配对，保留合适的〈评价对象,评价表达〉配对结果；另一类是端到端的方法，即将联合任务重新形式化为一个统一的标注模式，将该问题转化为一个序列标注问题来处理，并引入不同任务交互的子网络结构，提升各抽取子任务的标注性能。

类似地，也有学者应用基于对抗学习的网络结构研究了跨领域场景下的评价对象及其情感类别联合抽取任务。

3.3.4　立场检测

立场检测是指判断文本对给定话题的立场倾向（支持、反对或中立），示例如图 3-4 所示。与传统的对象级情感分类任务不同，立场检测的话题通常不会显式出现在文本中，即文本通过表达对话题相关实体的态度来间接表达对话题的立场。如何在模型层面捕捉话题和文本的联系，是立场检测的一大难点。最初立场检测的文本主要集中在辩论、问答中。随着社交媒体的兴起，以及 2016 年 SemEval 2016 Task6 英文 tweet 立场检测数据集[1]和 NLPCC 2016 Task4 中文微博立场检测数据集[2]的发布，基于社交媒体的立场检测逐渐成为研究的热点。根据训练集、测试集中的话题分布情况的不同，立场检测任务主要分为两种：一种是传统立场检测，即在同一个主题下对模型进行训练和测试；另一种是跨领域立场检测，即在源话题下对模型进行训练，在目标话题下对模型进行测试。

> **话题**：气候变化值得关注
> **文本**：从化石燃料领域撤资不一定能阻止气候变化，但却是朝着正确方向迈出的一步。
> **立场**：支持

图 3-4　立场检测的例子

1. 传统立场检测

传统立场检测任务中，训练集和测试集中的话题是相同的。模型的主要工作和难点是有效建模话题和文本之间的关联，实现面向话题建模。总体来看，传统立场检测的研究方法主要有基于机器学习的立场检测方法和基于深度学习的立场检测方法。

（1）基于机器学习的立场检测方法

基于机器学习的立场检测方法依赖于各种语言特征，如 N-gram 特征、句法分析特征、观点词典和文本情感，以确定给定话题的观点立场。例如为了建模话题和文本，有学者对话题和文本的词汇语义表示进行建模，并利用逻辑回归模型进行立场检测；有学者使用马尔可夫随机场（Markov Random Field，MRF）对话题和文本进行特征表示，约束预测的帖子标签和潜在用户标签以与网络结构相对应；还有学者选取段落向量、隐含狄利克雷分布（Latent Dirichlet Allocation，LDA）、潜在语义分析（Latent Semantic Analysis，LSA）等语义表示，采用线性组合的方式集成随机森林、支持向量机和 Adaboost 等多种分类器实现立场分类。

（2）基于深度学习的立场检测方法

传统的机器学习方法过于依赖特征工程，而深度学习方法因为能够自动学习文本特征而受到了广泛的关注和应用。基于深度学习的立场检测方法可根据是否使用外部知识分为两大类。

第一类方法是仅使用给定文本信息的神经网络方法。该方法的模型分别学习话题和文本的表示，然后将它们与注意力机制、条件 LSTM 编码或记忆网络结合起来，迫使模型集中在给定文本中与话题相关的显著特征上。例如，有学者提出利用话题编码状态初始化文本状态，通过话题文本表示对齐来增强文本对话题的依赖；还有学者在上述工作的基础上通过建立话题增强的注意力层，将特定于话题的文本信息纳入立场分类编码。

第二类方法是使用外部知识作为立场检测的补充。该方法的模型将外部知识（如情感知识、常识知识等）与深度学习框架融合，以获得更好的性能和可解释性。例如，有学者利用情感标注工具，将文本的情感先验知识作为外部知识，建立话题和文本之间的关联。还有学者将知识图谱作为外部知识引入立场检测模型，如用 ConceptNet 扩展文本中实体的概念词，利用注意力机制建模话题和文本的关系；用 wikipedia 获取话题的相关概念词，学习概念与话题词之间的关系表示。

2. 跨领域立场检测

通常情况下，我们能够拥有一批已有话题的标注数据，但当出现一个新话题时，我们很难获得其标注数据。一些传统立场检测方法可以在已知话题上取得相当优异的性能，但是在缺乏训练数据的新话题上的性能会显著下降。因此，缺少新话题的有监督训练数据限制了我们构建特定话题模型，该问题激发了人们对跨领域立场检测的研究。跨领域立场检测的研究方法主要分为 3 类，分别是词级别迁移、共享概念知识迁移和外部知识迁移。

（1）词级别迁移

词级别迁移是指利用两个话题共有的词汇来弥合源话题和目标话题之间的知识鸿沟。例如，有学者使用目标 BLSTM 网络的隐含层输出来初始化文本 BLSTM 网络的隐含层状态，通过对不同话题的数据组合进行训练，使得模型显著优于之前数据集上单分类器的工作。后来有学者进一步利用自我注意机制来识别对立场检测判断重要的单词，以增强模型对领域相关词汇的关注程度。

词级别迁移只利用目标领域信息进行文本表示学习，而没有对源话题和目标话题之间的可转移知识进行显式建模，因此这种方法的跨领域迁移能力有限。

（2）共享概念知识迁移

共享概念知识迁移是指尝试利用两个话题共享的概念知识来弥合源话题和目标话题之间的知识鸿沟。例如，有学者通过推断两个目标共享的潜在主题来补充常用知识。

共享概念知识迁移基于文本对源话题和目标话题之间共享知识进行建模，但由于立场检测通常是对社交媒体文本进行分析，这类文本表现出长度短、语言风格自由随意的特征，因此从训练数据中提取出不同话题共享的领域无关知识的方法存在局限性。

（3）外部知识迁移

由于上述两种方法存在局限性，近期有学者尝试使用外部的知识图谱进行跨领域知识迁移，即外部知识迁移。这种方法的主要特点是利用外部结构化知识图谱构建共享知识图，作为从源领域到目标领域的桥梁。例如，有学者利用 SenticNet、EmoLex 作为外部知识，构建情感-语义图，将情感作为不同话题之间的共享知识；还有学者利用 ConceptNet 作为外部知识，构建从文本到话题的常识概念图，将常识知识作为不同话题之间的共享知识。

3.3.5　细粒度情感分类小结

近年来，细粒度情感分类相关研究的重点已经由单一的抽取或者分类任务，逐渐转为联合抽取评价对象、评价表达及其情感类别，同时评价对象级情感分类任务仍然吸引了许多学者的注意。相关方法也从在建模过程中考虑评价对象的文本表示，转为挖掘和利用依存树、情感词典等外部资源。而深度上下文相关词向量和预训练语言模型的进展，为细粒度情感分类任务带来了更好的利用大规模无标注数据的方法。此外，由于能够减少标注工作量，迁移学习模型正变得更加流行，这包含从源领域迁移到目标领域，从源语言迁移到目标语言，从标注数据丰富的任务迁移到相关的、但标注数据不足的任务。

未来，作者非常期待看到对预训练语言模型更深度的挖掘，比如特定领域的语言模型，或者在模型的预训练任务中加入更多情感分析特有的正则优化任务，以及与大规模结构知识结合，共同弥合训练和测试数据特征分布的鸿沟。

3.4　对话情感识别技术

对话情感识别任务与句子级的情感识别任务非常相似，然而对话场景的引入使该任务具有如下特色（见图 3-5）。

（1）上下文建模。对话场景具有非常丰富的上下文，这是一般的句子级情感识别或者文档级情感识别不具备的。因此，在研究对话情感识别算法时，上下文建模是其中一个思考的角度。本节会介绍基于上下文内容和基于上下文情感的两种对话情感识别算法。

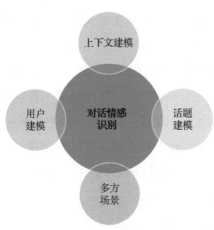

图 3-5　对话情感识别任务的特色

（2）用户建模。对话的参与者即用户（又称说话者），是对话的一大重要特征。每一个用户带有先验的性格，对某个话题也带有先验的倾向性。因此，对于对话情感识别任务，研究用户建模是必不可少的。

（3）话题建模。对话中用户讨论的主题称为话题。话题是对话围绕的中心，一段完整的对话往往包含多个话题。话题自身往往也带有一定的先验知识，是对话情感识别任务另一个重要的思考角度。由于该角度很难建模，话题迁移现象很频繁，因此截至本书成稿之日，相关的研究方案还较少。

（4）多方场景。对话的场景可以按照参与者的人数分为双方对话和多方对话，前者是较常见的情况。然而，在很多场景（如会议、群聊等）中，对话的参与者数量多于两人，因此会产生一些新的研究点。截至本书成稿之日，该角度的相关研究也还较少。

3.4.1　基于上下文内容的对话情感识别

在对话中，对对话中的语句（简称话语）进行情感识别不同于句子级的情感识别，这是因为对话本身具有很多要素，考虑这些要素会对情感识别有很大的帮助。一般来说，对话通常包含多于一个话语，每个话语都处于对话上下文的语境之中，因此建模对话上下文内容是提升对话情感识别效果的一个有效途径。本小节介绍一些建模上下文内容的常见方法，并详细介绍一种基于层次化网络的对话情感识别方法。

1. 常见方法介绍

基于上下文内容的对话情感识别主要考虑了对话上下文信息，认为对话上下文信息可以帮助模型提升情感识别的效果。Poria 等人[3] 提出了一种基于 LSTM 网络的 cLSTM 模型，该模型首先训练独立的 CNN 模型提取对话中所有话语的表示，然后将所有话语表示送入一个 LSTM 模型中，得到话语的上下文相关表示，最终用于话语情感分类。Jiao 等人[4]使用了话语、对话两级 GRU，其中话语级 GRU 用于单独建模句子，对话级 GRU 用于建模对话上下文，还使用注意力机制加强了上下文的远距离建模。Zhong 等人[5] 则提出了一个知识增强的层次化 Transformer 模型，并设计了一种新的图注意力机制来利用外部知识，因此该模型一方面利用了对话上下文信息，另一方面融入了外部知识。

仅建模上下文内容的工作主要出现在对话情感识别研究的早期阶段。近期工作通常还会在建模上下文内容的基础上考虑更多对话中的要素，这些工作会在 3.4.2 小节和 3.4.3 小节详细介绍。

2. 基于层次化网络的方法

由于对话本身具有很多要素，对话中话语的情感识别并不简单等同于单个句子的情感识别，而是需要考虑对话中上下文内容等信息。图 3-1 中的对话就是一个很直观的例子，此对话中最后一个话语是"嗯!"，如果仅看这个话语本身，很难判断它表达什么情绪，但是如果联系上文话语内容，就很容易判断它表达的情绪是喜悦。这个例子生动地展示了上下文内容信息对于对话情感识别的重要作用。

建模对话上下文的经典工作 cLSTM[3] 采取了两阶段的做法：先独立训练话语级别的情感分类器，用于获取话语的独立向量表示；再另外训练一个建模对话上下文的模型，进行最终的话语情感分类。然而，这种两阶段的做法不利于对话的统一建模，也更容易造成级联错误，因此我们提出了这种基于层次化网络的对话情感识别方法，为对话进行端到端的层次化建模，既能有效利用上下文内容信息，又能避免两阶段建模带来的损失。

(1) 算法模型

这种基于层次化网络的对话情感识别技术，主要引入了话语、上下文两级编码器，分别对话语和上下文进行两个层次的建模。基于层次化网络的对话情感识别算法模型的整体架构如图 3-6 所示。

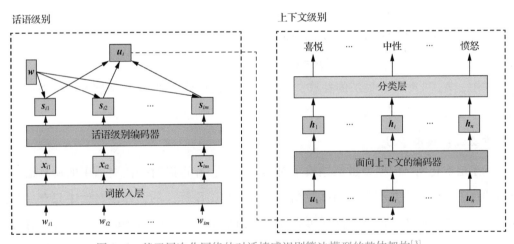

图 3-6　基于层次化网络的对话情感识别算法模型的整体架构[3]

步骤一：话语级别编码器

话语级别编码器的主要作用是获取一段对话中所有话语的向量表示。给定对话中第 i 个话语 $u_i = \{w_{i1}, w_{i2}, \cdots, w_{im}\}$，其中包含了 m 个单词，将这些单词输入一个词嵌入层，并假设已经获得了它们的词嵌入表示序列 $X_i = \{x_{i1}, x_{i2}, \cdots, x_{im}\}$。

首先，将词嵌入表示序列输入一个 GRU，得到正向隐含层状态序列

$\{\vec{s}_{i1},\vec{s}_{i2},\cdots,\vec{s}_{im}\}$ 和反向隐含层状态序列 $\{\overleftarrow{s}_{i1},\overleftarrow{s}_{i2},\cdots,\overleftarrow{s}_{im}\}$。然后，对这两个序列进行拼接操作，可以得到新的隐含层状态序列 $\{s_{i1},s_{i2},\cdots,s_{im}\}$。最后，引入词级别上下文向量 w，并使用注意力机制对隐含层状态序列进行聚合，可以得到话语 u_i 的单个向量表示 $\boldsymbol{u}_i$。类似地，对于一段对话 $C=\{u_1,u_2,\cdots,u_n\}$，其所有话语的向量表示序列为 $U=\{\boldsymbol{u}_1,\boldsymbol{u}_2,\cdots,\boldsymbol{u}_n\}$。

步骤二：面向上下文的编码器

面向上下文的编码器的主要作用是获取对话上下文相关的向量表示。对于对话 C 中的每个话语 u_i，其经过话语级别编码器得到的话语表示为 $\boldsymbol{u}_i$。首先将所有话语表示组成的序列输入 GRU 中，然后将得到的输出表示与话语表示进行残差连接，这个过程定义如下：

$$\vec{h}_i=\overrightarrow{\mathrm{GRU}}(\boldsymbol{u}_i,\vec{h}_{i-1})$$

$$\overleftarrow{h}_i=\overleftarrow{\mathrm{GRU}}(\boldsymbol{u}_i,\overleftarrow{h}_{i+1})$$

$$h_i=\vec{h}_i+\overleftarrow{h}_i+\boldsymbol{u}_i$$

式中，h_i 是输出的隐含层状态，它被包含在隐含层状态序列 H 中。最后，每个隐含层状态 $\boldsymbol{h}_i\in H$ 被输入至一个分类层进行情感分类：

$$\boldsymbol{p}_i=\mathrm{softmax}(\boldsymbol{W}_e\boldsymbol{h}_i+\boldsymbol{b}_e)$$

式中，$\boldsymbol{W}_e$ 和 $\boldsymbol{b}_e$ 是分类层的参数，$\boldsymbol{p}_i$ 是已获得的话语 $\boldsymbol{u}_i$ 对应的情感概率分布。后续利用 $\boldsymbol{p}_i$ 可在训练阶段计算损失，或者在测试阶段进行情感预测。

步骤三：模型学习

基于层次化网络的模型虽然建模了对话上下文，并可以对一段对话中的所有话语进行情感预测，但模型并不要求训练数据中的对话是整段标注的，即便对话中只有一句或几句进行了情感标注，该模型同样可以使用。由于本工作中使用到的数据集都是有整段情感标注的，因此模型训练时默认使用所有话语的情感标签计算交叉熵损失，具体如下所示：

$$L=-\frac{1}{M}\sum_{i=1}^{M}\sum_{j=1}^{N}y_i^j\log(p_i^j)$$

式中，M 表示一段对话中话语的数量；N 表示情感类别数；p_i^j 表示第 i 个话语的第 j 种情感的预测概率；y_i^j 表示第 i 个话语是否为第 j 种情感，取值为 0 或 1。

（2）实验验证

表 3-1 展示了不同的对话情感识别模型在两个公开数据集上的实验结果。可以看出，

不使用任何上下文信息的 CNN 模型和 LSTM 的对话情感识别效果是最差的。它们在两个数据集上虽然各有优势，但是与其他使用了上下文内容信息的模型相比，性能差距还是十分明显的。这两个模型和其他模型实验结果的对比，充分说明了上下文内容信息在对话情感识别中的重要性。

表 3-1　不同对话情感识别模型在两个公开数据集上的 w-F1 值* 　　　（单位:%）

模　　型	IEMOCAP 数据集	MELD 数据集
CNN	50. 15	58. 48
LSTM	49. 77	58. 87
cLSTM	57. 01	59. 33
基于层次化网络的模型	**60. 22**	**59. 91**

* w-F1 值即为加权平均 F1 值（weighted F1 Score）。

从表 3-1 还可以看出，基于层次化网络的对话情感识别模型的实验结果是最好的，与 cLSTM 模型相比，在 IEMOCAP 数据集[6]上有 3.21% 的指标提升，在 MELD 数据集[7]上有 0.58% 的指标提升。这说明基于层次化网络的对话情感识别模型的端到端层次化建模是更有效的。

（3）结论

本小节介绍了一种基于层次化网络的对话情感识别模型。该模型可以对上下文内容进行端到端的层次化建模，其核心思想是引入话语级别、上下文级别两级编码器，分别对话语和上下文进行两个层次的建模，即使用话语级别编码器建模话语上下文的信息交互，使用面向上下文的编码器建模对话上下文的信息交互。在两个公开数据集上进行的实验证实了该模型可以有效利用上下文内容信息，并验证了该模型的端到端层次化建模与两阶段建模相比是更有效的。

3.4.2　基于上下文情感的对话情感识别

在对话中，除了存在上下文内容信息外，还存在上下文情感交互信息。一般来说，对话中说话者（即用户）的情感都是相互影响的，因此通过建模上下文情感交互来捕获和利用这种影响，对于对话情感识别来说是很有帮助的。本小节介绍建模上下文情感交互的常见方法，并详细介绍一种显式建模情感交互的迭代情感交互方法。

1. 常见方法介绍

常见的建模上下文情感交互的方法主要有两种。一种是隐式建模情感交互，这类方法通常都是建模对话上下文的内容，以此来隐式地建模情感交互，因此这类方法实际就是本书 3.4.1 节介绍的基于上下文内容的对话情感识别方法，故不再赘述。另一种则是显式建模情感交互，这类方法主要利用上下文的情感标签来实现显式且精确的情感交互，Lu 等人[8]重点研究了这个问题。

2. 显式建模情感交互的迭代情感交互方法

对话情感识别不同于一般的句子级情感识别，该任务需要考虑对话中话语情感的相互影响。已有的方法通常都是建模对话上下文内容，以此来隐式地建模话语的情感交互，但这种做法常被语言中的复杂表达干扰，导致情感交互变得不可靠。图 3-7a 的对话就是一个具体的例子，其中说话者 A 的反讽表达就导致了对说话者 B 话语的错误情感判断。话语的情感标签则可以提供显式且精确的情感交互，如图 3-7b 所示。此例子中说话者 A 话语的情感标签"愤怒"提供了精确的情感信息，使得对说话者 B 话语的情感判断不再受到干扰。

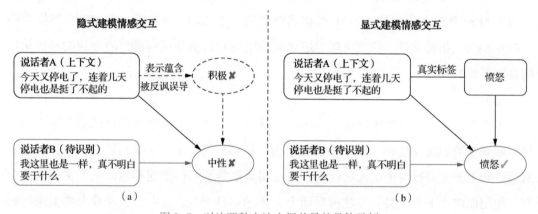

图 3-7　对比两种方法之间差异的具体示例

然而，显式建模情感交互存在一个实际困难，即情感标签仅能在训练阶段获得，在测试阶段是不可能事先得到并作为输入的。为了解决这个问题，我们可以放宽对情感标签的要求，假设存在部分噪声的情感标签也可以使情感识别受益，并且情感标签精度的不断提升也可以使情感识别的性能不断增强。这个假设的合理性在后面的分析实验中也得到了证实。

基于以上想法，本小节提出了一个迭代情感交互模型。该模型使用迭代预测的情感标签代替真实情感标签，在迭代过程中不断更正预测并反馈输入，实现逐步增强的显式情感交互。实验结果表明，使用迭代预测标签可以有效保留显式建模的性能优势，并可以在迭代过程中实现有效的预测修正。此外，该模型在两个公开数据集上与已有方法相比都取得了一定的性能提升。

（1）算法模型

本小节提出的迭代情感交互模型主要包括话语级别编码器、情感交互上下文编码器和迭代提升机制 3 部分，具体架构如图 3-8 所示。

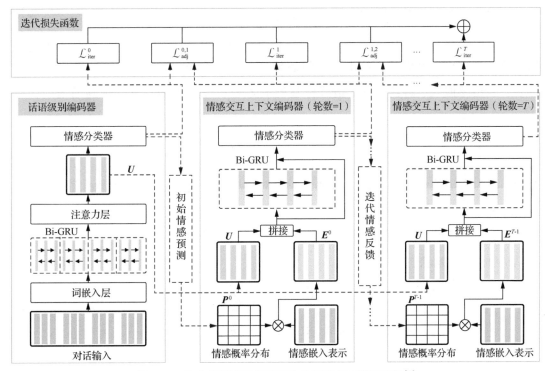

图 3-8　显式建模情感交互的迭代情感交互模型架构[8]

步骤一：话语级别编码器

话语级别编码器的主要作用是获取所有话语的向量表示。首先，使用双向门限循环单元（Bi-GRU）来对每个话语的词序列进行编码，将每个词的两个方向的表示进行拼接，得到词的隐含层状态表示：

$$h_i = [\overrightarrow{h}_i; \overleftarrow{h}_i]$$

然后，使用注意力机制对话语中所有词的隐含层状态进行聚合，就可以得到每个话语的向量表示：

$$\alpha_i = \frac{\exp(h_i^{\mathrm{T}} W_u)}{\sum_j \exp(h_j^{\mathrm{T}} W_u)}$$

$$u = \sum_{i=1}^{M} \alpha_i h_i$$

其中，W_u 为用于注意力机制的词级别上下文向量，α_i 为计算得到的注意力分数，u 为话语的向量表示。类似地，对于一段对话 $C = \{u_1, u_2, \cdots, u_n\}$，其所有话语的向量表示序列为 $U = \{u_1, u_2, \cdots, u_n\}$。

步骤二：情感交互上下文编码器

情感交互上下文编码器的主要作用是显式地建模话语的情感交互，它由 3 部分组成：情感嵌入层、Bi-GRU 和情感分类器。该编码器的输入是话语表示序列和上下文情感概率分布，输出是更新后的上下文情感概率分布。首先，对于每个话语的情感概率分布，在情感嵌入层将其与各个情感标签的嵌入表示加权求和，可以得到话语的情感表示：

$$e_i = \sum_{j=1}^{|L|} p_i^j x_j$$

其中，e_i 为话语的情感表示。类似地，一段对话中的所有话语的情感表示序列为 $E = \{e_1, e_2, \cdots, e_n\}$。

然后，将话语向量表示和话语情感表示进行拼接，作为新的话语表示输入 Bi-GRU，得到话语的隐含层状态表示：

$$\overrightarrow{h_i} = \overrightarrow{\mathrm{GRU}}([u_i; e_i], \overrightarrow{h_{i-1}})$$

$$\overleftarrow{h_i} = \overleftarrow{\mathrm{GRU}}([u_i; e_i], \overleftarrow{h_{i+1}})$$

$$h_i = \overrightarrow{h_i} + \overleftarrow{h_i} + [u_i; e_i]$$

最后，将每个话语的隐含层状态表示输入情感分类器，就可以得到更新后的话语情感概率分布。

$$p_i' = \mathrm{softmax}(W_e h_i + b_e)$$

步骤三：迭代提升机制

迭代提升机制是显式建模情感交互的迭代情感交互模型的核心部分，可实现迭代增强的多轮情感预测。迭代提升机制主要包含 3 部分：初始情感预测、迭代情感反馈和迭代损失函数。首先，为了实现对情感预测的迭代修正，必须进行情感初始预测。该模型将从话语级别编码器输出的话语表示送入一个分类层，得到初始上下文情感概率分布：

$$p_i^0 = \mathrm{softmax}(W_p u_i + b_p)$$

其中，W_p 和 b_p 是分类层的参数，p_i^0 是初始上下文情感概率分布。

然后，该模型将完成第 $i-1$ 轮（$1 \leqslant i \leqslant T-1$）更新的上下文情感概率分布再次输入情感交互上下文编码器，进行第 i 轮更新，实现情感预测的迭代更新：

$$\boldsymbol{P}^i = \text{EC-Encoder}(\boldsymbol{P}^{i-1}, \boldsymbol{U})$$

最后，为了约束每轮迭代的预测结果和相邻两轮迭代之间的情感修正行为，该模型采用了两个损失函数 $\mathcal{L}_{\text{iter}}$ 和 $\mathcal{L}_{\text{adj}}$，并通过组合它们得到最终的损失 $\mathcal{L}$：

$$\mathcal{L}_{\text{iter}}^i = -\frac{1}{N_a}\sum_{j=1}^{N_a}\sum_{k=1}^{|L|} y_{j,k}\log(p_{j,k}^i)$$

$$\mathcal{L}_{\text{adj}}^{i,i+1} = \frac{1}{N_a}\sum_{j=1}^{N_a}\sum_{k=1}^{|L|} y_{j,k}\max(0, p_{j,k}^i - p_{j,k}^{i+1})$$

$$\mathcal{L} = \frac{1}{T+1}\sum_{i=0}^{T}\mathcal{L}_{\text{iter}}^i + \lambda\,\frac{1}{T}\sum_{i=0}^{T-1}\mathcal{L}_{\text{adj}}^{i,i+1}$$

其中，T 是代表最大迭代轮数的超参数；N_a 是数据集中所有话语的总数；$|L|$ 是情感类别数；$p_{j,k}^i$ 表示第 i 轮第 j 个话语的第 k 种情感的预测概率，$p_{j,k}^{i+1}$ 含义与 $p_{j,k}^i$ 类似；$y_{j,k}$ 表示第 j 个话语是否为第 k 种情感，取值为 0 或 1；λ 是平衡两个损失的超参数。

（2）实验验证

表 3-2 展示了不同的对话情感识别模型在 IEMOCAP 数据集上的实验结果。可以看出，本小节介绍的模型取得了最好的结果，与其他参与对比的方法相比至少有高于 1% 的总体提升。表 3-3 展示了在 MELD 数据集上的实验结果，同样是本小节介绍的模型效果最好，总体提升也超过了 1%。

表 3-2　不同的对话情感识别模型在 IEMOCAP 数据集上的 w-F1 值　（单位:%）

模型	喜悦	悲伤	中性	愤怒	兴奋	沮丧	总体
CNN	32.91	50.41	52.33	55.24	46.84	54.51	50.15
cLSTM	30.66	69.86	55.15	58.52	55.93	60.74	57.01
cLSTM+CRF	35.71	69.59	56.43	62.44	50.34	60.23	56.98
DialogueRNN	38.74	76.08	58.26	**63.10**	68.75	60.37	62.15
DialogueGCN	51.87	76.76	56.76	62.26	**72.71**	58.04	63.16
本小节介绍的模型	**53.17**	**77.19**	**61.31**	61.45	69.23	**60.92**	**64.37**

表 3-3　不同的对话情感识别模型在 MELD 数据集上的 w-F1 值　　（单位：%）

模型	中性	惊奇	恐惧	悲伤	喜悦	厌恶	愤怒	总体
CNN	77.24	50.54	0.32	22.28	54.19	2.86	42.88	58.48
cLSTM	76.47	50.17	0.92	**26.51**	55.62	9.65	46.77	59.33
cLSTM+CRF	76.42	50.22	1.48	26.29	55.58	8.51	46.96	59.29
DialogueRNN	76.23	49.59	0.00	26.33	54.55	0.81	46.76	58.73
DialogueGCN	76.02	46.37	0.98	24.32	53.62	1.22	43.03	57.52
本小节介绍的模型	**77.52**	**53.65**	**3.31**	23.62	**56.63**	**19.38**	**48.88**	**60.72**

　　本实验还对建模情感交互的有效性进行了分析，结果见表 3-4。其中，No Label 是隐式建模情感交互的模型，Gold Label 是显式建模情感交互的模型，其在测试阶段可使用精确的情感标签，其他是本小节介绍的模型在不同迭代轮次时的结果。从表 3-4 可以看到，隐式建模性能最弱，完美显式建模性能最强，本小节介绍的模型介于两者之间。这说明，本小节介绍的模型在实际可用的基础上有效保留了显式建模的性能优势。

表 3-4　情感交互有效性分析

模型	IEMOCAP 数据集中的 w-F1 值（%）	MELD 数据集中的 w-F1 值（%）
No Label	60.22	59.91
本小节介绍的模型，轮次=1	61.22	60.07
本小节介绍的模型，轮次=2	63.66	**60.72**
本小节介绍的模型，轮次=3	**64.37**	60.64
Gold Label	66.75	62.28

　　最大迭代轮数对本小节介绍的模型性能的影响如图 3-9 所示。可以看出，在两个数据集上，本小节介绍的模型的性能都随着最大迭代轮数的增加，呈现先上升后下降的趋势。其中，在 IEMOCAP 数据集上，最大迭代轮数为 3 时，本小节介绍的模型达到最好性能；在 MELD 数据集上，最大迭代轮数为 2 时，本小节介绍的模型达到最好性能。这说明，适当的迭代轮数可以逐步提升该模型的性能，这与前提假设一致；而过多的迭代轮数会使结果变差，这个现象符合常识和直觉，一种可能的原因是轮数过多会导致该模型在训练集上出现过拟合。

　　最后，本实验分析了固定最大迭代轮数的情况下，本小节介绍的模型每一轮次的预测性能和相邻两轮次之间的修正行为。对于 IEMOCAP 数据集，我们选择了最大迭代轮数

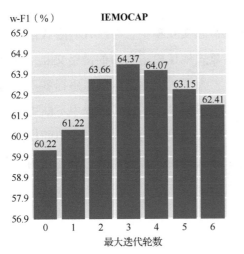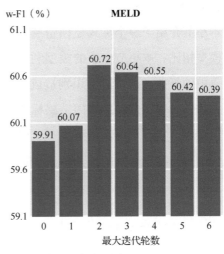

图 3-9　最大迭代轮数对本小节介绍的模型性能的影响

为 3 的模型进行分析；对于 MELD 数据集，则选择了最大迭代轮数为 2 的模型。从表 3-5 中可以看到，在 IEMOCAP 数据集和 MELD 数据集上，本小节介绍的迭代模型每一步的预测性能都在提高，这说明模型内部的迭代提升是确实存在的。此外，从表 3-6 中可以看到，两个数据集上所有相邻轮次的预测标签变化中，都是由错改对的比例最大。这说明在迭代过程中，本小节介绍的模型确实在进行有效的情感预测修正。

表 3-5　迭代修正行为分析——每一轮次的预测性能

数据集	最大迭代轮数	轮次	w-F1 值（%）
IEMOCAP	3	1	61.97
		2	63.71
		3	**64.37**
MELD	2	1	60.45
		2	**60.72**

表 3-6　迭代修正行为分析——相邻轮次预测标签的变化

数据集	最大迭代轮次	相邻轮次	由对改错的 w-F1 值（%）	由错改对的 w-F1 值（%）	由错改错的 w-F1 值（%）
IEMOCAP	3	1→2	27.84	**46.25**	25.91
		2→3	27.81	**47.78**	24.41
MELD	2	1→2	32.53	**39.86**	27.61

（3）结论

本小节介绍了一个显式建模情感交互的迭代情感交互模型，与已有的隐式建模情感交互模型相比，本小节介绍的模型利用情感标签显式地建模了话语的情感交互，可以避免语言中的复杂表达对情感识别造成干扰。此外，为了解决测试阶段情感标签不可用的问题，该模型使用迭代预测的情感标签代替真实情感标签，在迭代过程中不断更正预测并反馈输入，实现了逐步增强的显式情感交互。实验结果表明，本小节介绍的模型可以在迭代过程中实现有效的预测修正，从而保留了显式建模的性能优势，最终在两个公开数据集上取得了非常好的结果。

3.4.3　基于说话者建模的对话情感识别

对话中的说话者（即用户）是一个重要的因素，不同的说话者会有不同的性格特点、用词习惯、话语风格等。因此，如何更好地对说话者进行建模，从而帮助情感识别，是对话情感识别研究中的一个关键点。

在当前的对话情感识别工作中，有两种较为常见的说话者建模方法：基于 RNN 模型的说话者建模方法和基于 GNN 模型的说话者建模方法。

RNN 针对序列进行建模，是自然语言处理领域常用的网络结构，已被广泛应用于文本分类、情感识别、文本生成等场景。对话是由话语序列构成，话语则是由单词序列构成，因此在对话情感识别领域，RNN 常用于建模历史话语，从而捕捉说话者的状态信息，以帮助情感识别。

GNN 在最近受到广泛的关注，被应用于半监督学习、大规模知识库建模等问题中。在对话领域，尤其是多人对话问题中，对话的结构并不是简单的序列问题，不同话语、不同说话者之间可以相互影响，因此可以采用图结构建模这种相互关系，进而得到更好的话语表示，进行话语的情感分类。

鉴于 RNN 说话者建模和 GNN 说话者建模是最具有代表性的研究工作，本小节具体介绍这两项工作。

1. RNN 说话者建模

说话者之间的依赖关系对对话情感识别有重要的作用。对话过程中的情感动态变化受到两个因素的影响：说话者自身的情感以及说话者之间的情感。如图 3-10 所示，开始时他们的情感受自身的情感影响，A 没有明显的情感倾向，B 因为失去亲人较为悲伤；到最后，A 由于 B 的悲伤也变得悲伤起来，即产生了说话者之间的情感影响。

已有的工作无法很好地捕捉这两个因素，基于此，Hazarika 等人[9]提出了对话记忆网

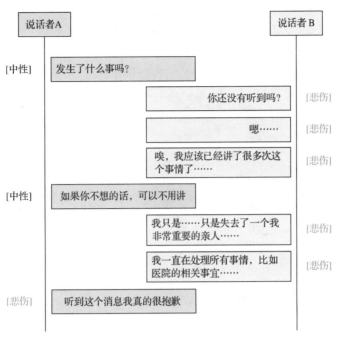

图 3-10 对话示例，说话者的情感受自身以及对方的情感影响

络（Conversational Memory Network，CMN），其模型架构如图 3-11 所示（图中各符号含义可参阅文献 [9]，这里不再赘述）。对于当前要识别的话语，他们首先通过 GRU 分别建模每个说话者的历史话语，以此作为记忆单元；然后，通过注意力机制将每个说话者的记忆与当前话语的表示进行融合，并将得到的结果用于话语分类，从而模拟说话者个人的状态以及不同说话者的状态对当前话语的影响。总而言之，他们考虑了说话者的历史话语去建模情感的动态变化。

CMN 对不同的说话者采用了独立的记忆单元，导致说话者是分别进行建模的。但是随着对话的推进，说话者之间也在不断地相互影响，对说话者分别进行建模会丧失这部分信息。基于此，Hazarika 等人[10] 提出了交互式对话记忆网络（Interactive Conversational Memory Network，ICON），使用交互式的记忆单元建模对话过程中说话者之间的相互影响。

对于当前要识别的话语，ICON 首先通过自身影响模块（Self-influence Module，SIM）分别对每个说话者的历史话语进行建模；接着通过动态全局影响模块（Dynamic Global Influence Module，DGIM）对说话者之间的影响进行建模，得到全局的状态，并存入记忆单元；最后使用注意力机制得到记忆单元与当前话语表示的融合结果，用于话语分类。ICON 的模型架构如图 3-12 所示（图中各符号含义可参阅文献 [10]，这里不再赘述）。

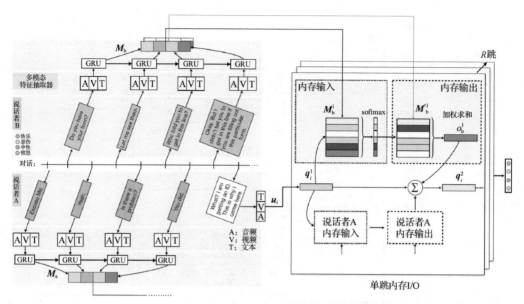

图 3-11　CMN 的模型架构[9]

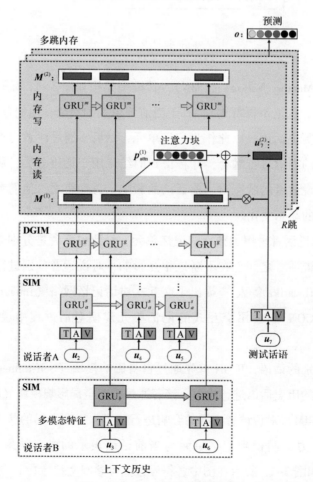

图 3-12　ICON 的模型架构[10]

CMN 和 ICON 虽然对不同的说话者信息进行了建模，并且建模了说话者之间的相互影响，将其存入记忆单元，但是在使用时直接将记忆单元的内容与当前话语的表示进行了融合，并没有区分当前话语是哪个说话者所说，从而有针对性地进行建模。也就是说，对于当前要识别的话语，这两个模型并未区分该话语属于哪个说话者。

Majumder 等人[11] 提出的 DialogueRNN 解决了这个问题。该方法利用话语、语境、当前说话者状态等信息，使用 RNN 建模对话过程中每个说话者的状态信息，用于话语的情感识别。他们认为对话中的话语情感取决于 3 个重要的因素：说话者信息、先前话语的语境和情感信息，并分别使用 GRU 对说话者状态、全局状态和情感状态进行捕捉。DialogueRNN 的模型架构如图 3-13 所示（图中各符号含义可参阅文献 ［11］，这里不再赘述）。对于当前时刻的话语，全局状态由前一时刻的全局状态、当前话语的表示、当前说话者前一时刻的状态进行更新，说话者状态由当前说话者前一时刻的状态、当前话语的表示、之前时刻的全局状态进行更新，情感状态由说话者当前时刻的状态以及上一时刻的情感状态更新，之后用当前时刻的情感状态进行当前话语的分类。

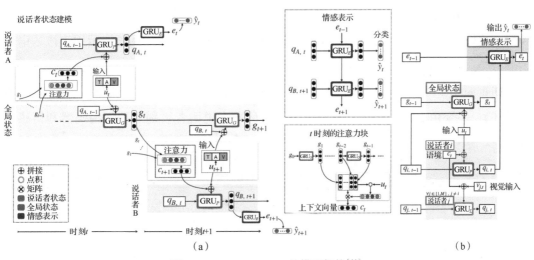

图 3-13　DialogueRNN 的模型架构[11]

DialogueRNN 考虑的 3 个因素不一定是相互独立的，但独立地对这 3 个因素进行建模取得了比之前的方法更好的结果。无论是在纯文本信息的设置下，还是在多模态信息的设置下，该方法在 IEMOCAP 和 AVEC 两个对话情感识别数据集上都取得了最优的结果，识别性能有了较为显著的提升。作者认为，DialogueRNN 的性能提升来源于做了更好的上下文表示。DialogueRNN 是对话情感识别领域中较为经典的方法，之后出现的方法一般都会和该方法进行对比，以验证自己的对话情感识别性能。

2. GNN 说话者建模

已有的对话情感识别方法大多基于 RNN 来建模对话的序列信息，并利用注意力机制从上下文语境中选择出对当前话语情感识别有帮助的信息。但是，序列的建模没有考虑到要识别的话语与其他话语的相对位置信息。建模相对位置信息可以更好地判断出过去的话语是如何影响未来的话语的，与此同时，未来的话语也可能提供一些有用的信息（如背景知识等），从而帮助系统更好地理解过去的话语。RNN 这样的序列建模存在长序列信息缺失的问题，当前话语与其他话语的联系不够直接，而 GNN 通过图结构可以直接将当前话语与其他话语进行连接，从而更有效地捕捉话语之间的联系，为当前话语的情感识别提供帮助。

Ghosal 等人[12]沿用了前人的工作思路，即对话中话语的情感变化会受到说话者自身的情感以及说话者之间的情感影响，他们采用图结构的方式去建模对话的上下文，提出了对话图卷积神经网络（Dialogue Graph Convolutional Network，DialogueGCN）。该方法先用 GRU 建模上下文信息并得到话语表示，然后开始建图。图中的节点是对话中的一句句话语，两个节点之间的边代表两个话语的说话者之间的依赖，以及他们在对话中的相对位置。建好图之后，该方法通过 GCN 进行图的更新，将更新后的话语表示用于该话语的情感分类。

DialogueGCN 的模型架构如图 3-14 所示（图中各符号含义可参阅文献［12］，这里不再赘述），主要由 3 部分组成：序列上下文编码器、说话者级别上下文编码器和情感分类器。

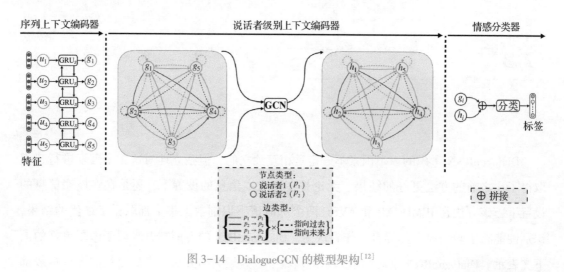

图 3-14　DialogueGCN 的模型架构[12]

序列上下文编码器采用 GRU 捕捉对话的序列消息，因为对话自然而然地是按照时间顺序进行的，语境信息会随着对话序列流动。GRU 编码之后得到新的话语表示，该表示还没有说话者的信息，是说话者无关的。

说话者级别上下文编码器用于捕捉对话中与说话者相关的语境信息，即捕捉说话者自身的情感依赖以及说话者之间的情感依赖。该部分通过构建有向图来建模说话者之间的交互过程。图的节点是从序列上下文编码器得到的话语表示；图的边是有向的，方向取决于话语发生的先后顺序。考虑到运算代价的问题，Ghosal 等人选取了当前话语的前后 10 个话语连边，而并没有构建成全连接的图。边的权重采用了基于相似度的注意力模块进行计算，边的类型取决于说话者的不同以及话语发生的时间顺序。最后，该方法通过 GCN 的图更新算法得到更新后的话语表示，该表示包含了说话者相关的信息。

情感分类器用于最终的情感分类，将从序列上下文编码器中得到的话语表示以及从说话者级别上下文编码器中得到的话语表示进行融合，通过一个全连接层，得到最终的情感类别。

DialogueGCN 是对话情感识别方向中较早采用图结构建模对话的方法，该方法在 3 个常用的对话情感识别数据集 IEMOCAP、AVEC 和 MELD 上都取得了比以往的方法更好的结果。作者推测，与 DialogueRNN 中的表示相比，图结构得到的表示能够包含更多与情感相关的语境信息。实验结果也验证了这个推测的正确性。

目前已有的方法（如 CMN、ICON、DialogueRNN 等）是以建模两个说话者为主，实验的数据集 IEMOCAP 和 AVEC 也都是两人对话的数据集。尽管 DialogueRNN 的作者称其模型设计同样也适用于多个说话者的情况，但这是对其未来工作的设想。后来出现的 MELD 数据集[7]来源于美国情景喜剧《老友记》（影片中有 6 个固定的角色），因此其中的每段对话会出现多个说话者。DialogueGCN 的建模方法适用于两人对话以及多个说话者的情况，因此 DialogueGCN 的作者在这 3 个数据集上都进行了实验。

但是，上述几种方法都是在一段对话内建模的。每段对话都会有自己的 GRU、GNN 等，这样捕捉到的说话者信息是该段对话内的说话者信息，建模的是局部的说话者特征。MELD 数据集的出现为建模全局的说话者特征提供了基础，因为该数据集中所有的对话基本都是在 6 个固定的角色间进行，而这些角色的性格特点较为鲜明，若能从整个数据集中建模出说话者的特征，对于其话语的情感识别也会起到帮助作用。图 3-15 展示了 MELD 数据集中的一个示例，用于表达全局说话者特征的作用。Policeman 说了一句中性的话语，Rachel 给出一个中性的回复，但是 Ross 的回复却是愤怒的。这里回复情感的不同主要是由于说话者不同，根据角色的设置，Rachel 比较害怕麻烦，而 Ross 容易急躁和不耐烦，这也很容易理解为什么同样的中性话语却使两个人产生了不同的情感反应。

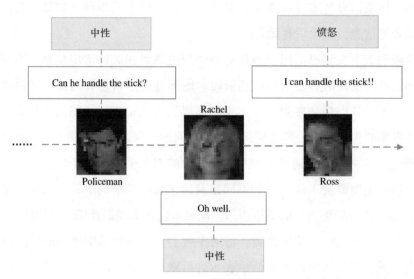

图 3-15　MELD 数据集例子，不同的说话者产生不同的反应[7]

Zhang 等人[13]除了沿用前人建模语境的思想外，还聚焦于多个说话者的全局特征建模，他们提出了基于图结构的建模网络，即对话式图卷积神经网络（Conversational Graph-based Convolutional Neural Network，ConGCN）。该方法将对话中的每个话语以及每个说话者当作节点，用两个话语之间的无向边表示语境信息，用话语节点以及它对应的说话者节点之间的无向边表示说话者信息。这样的方式可以将整个对话数据集建模成一个大的异构图，然后通过图更新算法得到新的节点表示，那么话语的情感分类任务就可以看作图中的话语节点的分类任务。

ConGCN 的模型架构如图 3-16 所示。对话中的话语用话语节点 u 表示，用提取出来的特征进行初始化，同一段对话的话语之间用无向边进行连接，边的权重通过计算话语表示的相似度得到。对话语料中所有的说话者均用说话者节点 s 表示，并进行随机初始化，每个话语节点与其对应的说话者节点之间用无向边连接，边的权重通过计算说话者在整个数据集中发言次数的逆频率得到。通过对整个语料集进行建模，我们就可以得到一个全局的异构图，并利用图 CNN 进行学习，得到更新后的话语节点表示 $R(u)$ 和说话者节点表示 $R(s)$，最终采用 $R(u)$ 进行情感分类，得到话语的情感。

ConGCN 将整个对话语料中的说话者也表示成了图中的节点，因此可以采用更新后的说话者节点表示进行情感分类，从而得到说话者的情感分布。我们统计了数据集中说话者实际说出的带有各个情感的话语数量，发现实际的分布与模型预测出的说话者情感分布具备一定的一致性，能够看出一些说话者往往倾向于说带有某些情感的话语，而模型也能很好地预测出说话者的情感类别。

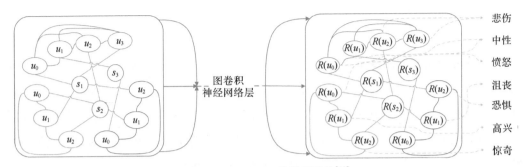

图 3-16　ConGCN 的模型架构[13]

ConGCN 聚焦于多个说话者的对话情感识别，因此只在 MELD 数据集上进行了实验。其他的对话情感识别数据集（如 IEMOCAP、AVEC 等）是双人对话，并且没有全局固定的说话者，因此不适用于该方法。实验发现，无论是在纯文本的设置下，还是在多模态的设置下，ConGCN 都取得了比 DialogueRNN 更好的结果。

3. 小结

除了要对上下文语境信息进行建模外，对话情感识别任务还要考虑说话者这一对话中的重要因素。不同的说话者有不同的性格特点、用词习惯、说话方式等，很大程度上会影响到说话者的情感表达。

对说话者进行建模的方法是目前对话情感识别任务中较为主流的方法，基本思想是从说话者的角度考虑其对于对话的影响，如说话者的状态、说话者之间的依赖关系、说话者的情感延续性等。图 3-17 展示了对说话者建模的对话情感识别模型的通用框架。词级别编码器对话语中的词 $s_1, s_2, \cdots, s_n$ 进行编码，得到话语的表示 $u_1, u_2, \cdots, u_n$，话语级别编码器在编码时引入说话者的相关信息，得到更新后的话语表示 $l_1, l_2, \cdots, l_n$，用于情感识别。这类模型往往在对上下文信息建模的过程中，融入对说话者相关信息的建模，从而帮助进行最终的对话情感识别。

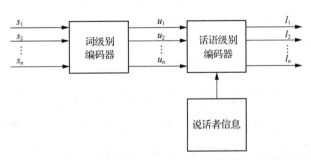

图 3-17　对说话者建模的对话情感识别模型的通用框架

3.4.4　多方对话场景下的情感识别

从对话分析研究的广度上来看，目前的对话分析相关工作大多是基于对话双方对话的假设下展开，但这样的假设并不适用于实际应用中复杂的对话场景，忽略了多人参加、角色更多、对话结构更为复杂的多方对话。在多方对话场景下，对话分析任务更具挑战性，目前的相关研究还不够充分，这启发研究人员将研究目光投向多方对话，在原有的对话技术相关研究的基础上进一步扩展对话技术应用的边界。

1. 多方对话的定义与特点

多方对话可以描述为一个按照时间顺序排列的三元组序列，其对应的 3 项属性为：

$$[说话者, 话语, addressee]$$

该三元组可以表示说话者对 addressee（接收者）说了这句话语。其中 addressee 属性可以为空，即话语的接收对象可以不是显式存在的（例如在话语中另起话题，未明确指出回复对象等）。

典型的多方对话示例如图 3-18 所示。

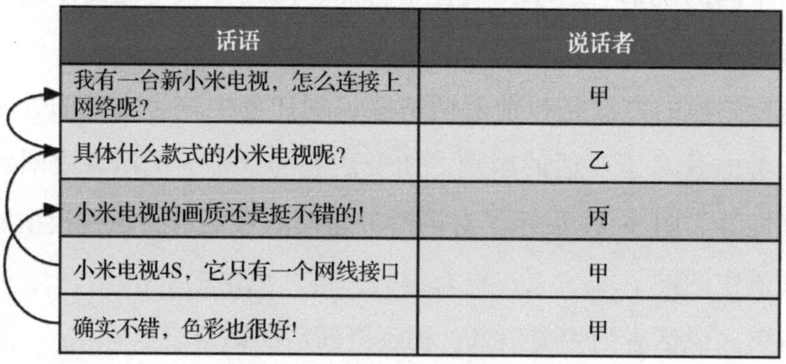

话语	说话者
我有一台新小米电视，怎么连接上网络呢？	甲
具体什么款式的小米电视呢？	乙
小米电视的画质还是挺不错的！	丙
小米电视4S，它只有一个网线接口	甲
确实不错，色彩也很好！	甲

图 3-18　典型的多方对话示例

图 3-18 中带有箭头的连线代表话语之间的回复关系。有回复关系的话语所表达的观点，代表了说话者彼此之间不同的立场信息。

从这个示例可以看出，与普通双方多轮对话的文本相比，多方对话的特点包括以下两点。

（1）多方对话中存在多个说话者，一般说话者之间具有可区分性。

（2）多方对话中存在 addressee 信息，类似于聊天软件中使用@来提醒某人进行回复，或社交媒体中引用他人信息进行回复等。addressee 信息在文本中不一定显式出现，是多方对话结构复杂性的体现。

2. 多方对话结构分析的任务定义与现有研究成果

从多方对话本身的特点出发，与双人对话相比，因存在回复对象导致结构复杂是多方对话的一个显著特征。因此，多方对话结构分析任务是展开多方对话分析相关研究的重要任务，其具体定义为：输入为一段完整的、按照时间顺序排列的、未知结构关系的多方对话，输出为含有完整结构信息的多方对话。

多方对话结构分析任务的典型例子是 addressee 识别任务。该任务通常关注补全未知的 addressee 关系，即在输入不存在结构信息、仅存在时序信息的多方对话历史话语的前提下，识别出各个话语应该对应的 addressee 对象。

同样以图 3-18 所示的多方对话为例，图中带有箭头的连线标识了话语之间的回复关系，而话语按照时间顺序依次排列。addressee 识别任务在图 3-18 中则体现为：确定出图中带箭头的曲线的连接方式，并识别连线部分的构成。具体来说，当分析到图 3-18 中的第 4 句话时，因为它所阐述的是关于电视款式的内容，所以可以识别出它是第 2 句话的回复，即回复的是乙关于电视款式的提问。从这个例子可以看出，addressee 识别既需要建模话语本身，即建模出第 4 句话所阐述的是关于电视款式的内容，又需要借助于对话上下文的话语信息，找出乙所说的关于电视款式提问的话语，而且还要考虑多方对话结构下的复杂关系。在图 3-18 中，第 3 句话的内容同样是围绕电视这一主题，但与款式无关，需要建模出这一更具体的信息，才能避免 addressee 的识别，最终有效地完成 addressee 识别任务。

除 addressee 识别任务外，多方对话结构分析任务的另一个典型例子是对话线程识别任务。线程可以是一个按照时间顺序排列的话语序列，序列中的某些话语之间存在内容的连续性。对话线程识别任务的输入为按照时间顺序给定的话语序列，最终将这些话语分为不定数量的根据时间顺序排列好的多个话语集合，也就是多个对话线程。典型的对话线程识别任务的示例见表 3-7。

表 3-7 对话线程识别任务示例

对话线程	对话文本	说话者
线程 1	小李，请把简历发给我。	小赵
线程 2	我们去哪吃午饭呢？	小李
线程 1	好的，已经发过去了。	小李
线程 1	谢谢，我已经收到了。	小赵
线程 2	小四川餐馆怎么样？	小王

　　该例中，第 5 句话为小王问"小四川餐馆怎么样?"，若要识别这句话属于哪个对话线程，需要根据上文信息进行分析。可以看出第 5 句话是在回复第 2 句的提问，即"我们去哪吃午饭呢?"。而该段对话中线程 1 在讨论关于发送简历的事情，与第 5 句话无关，因此这句话应该属于线程 2。

　　多方对话结构分析任务的语料数据来源广泛。例如，可以从 Ubuntu 在线聊天室（即 Ubuntu IRC，一个由旨在讨论 Ubuntu 系统相关话题的多个聊天室组成的论坛，其中的对话存在明显的 addressee 关系）获取对话数据，或从在线论坛 Reddit（由多个特定主题的子论坛组成的网站，使用对话线程关系描述讨论的进行）中获得主题相关的讨论回帖，都可以作为多方对话数据。这类数据一般不需要额外的标注，只需处理为标准格式，并抽取出多方对话的各项属性即可使用。

　　多方对话结构分析的方法通常为使用 RNN 等类似的神经网络，对序列建模多方对话的上下文进行序列建模，完成结构分析。例如，Tan 等人[14]提出使用上下文相关的线程识别（Context-Aware Thread Detection，CATD）架构来解决对话线程识别任务，具体做法为：首先使用 LSTM 网络编码每个对话线程的历史消息，将输出作为该对话线程的向量表示；然后拼接每个对话线程和输入文本的向量表示，并通过分类器判断属于某个标签的概率。

　　多方对话结构分析任务的另一种常用方法是基于话语对之间的关系，完成对话结构分析。例如，Zhu 等人[15]提出了掩盖的层次化 Transformer（Masked Hierarchical Transformer，MHT）模型来解决 addressee 识别任务。该方法先对话语以类似于图中邻接矩阵的形式，成对建模成一个矩阵，再直接求解矩阵信息，确认话语对之间是否存在 addressee 关系。

　　多方对话结构分析任务是开展多方对话研究的基础，它的典型应用是在多方对话场景下使用检索的方式选出符合要求的话语后，利用多方对话结构分析相关模型，以选择合适的回复对象。因此，该任务在检索式对话系统的构成中起到一定的作用。此外，在多方对话场景下的立场检测任务中，多方对话结构分析也起到了不可或缺的作用。

　　3. 多方对话立场检测的任务定义与已有研究成果

　　典型的多方对话立场检测任务可以定义为：输入为一段完整的多方对话，以及给定的评论话语和目标话语；输出为与目标话语所表达的观点，评论话语所持有的观点对应的立场标签，一般可分为赞同、反对、中性等类别。典型示例如图 3-19 所示。

　　图 3-19 中，在检测最后一句丁的话语对甲的话语的立场时，如果不考虑完整的多方对话历史，更容易认为是对甲的话语表示赞同，而当了解了完整的多方对话历史后，可

图 3-19　多方对话立场检测任务示例

以看出丁在与丙的对话中，阐述了他对于 A 媒体新闻的不信任程度，以及他对于××手机的不屑一顾。因此，结合全局对话历史信息可以看出，丁是在对甲的话语表示一种反讽的态度，即讽刺对方使用 A 媒体的新闻进行销量讨论，进而可判断出丁的这句话是在对甲的话语表示反对。这个例子可以显示出在多方对话场景下完成立场检测任务，需要全面地考虑到多方对话结构的复杂性，也显示出了多方对话结构分析任务的重要性。

目前，已有一些学者对一些特定来源的、多方对话场景中的立场检测任务展开了研究，例如与谣言评论相关的立场检测任务。该任务旨在完成谣言消息话语下评论话语针对谣言文本的立场检测任务，并辅助判断谣言文本的真实性。该任务一般从社交媒体和论坛网站（如 Twitter、Reddit 等）中获取谣言消息评论的相关语料数据，或者从在线辩论网站（如 Kialo）中获取辩论文本，以检测不同论点之间的立场，或是不同论点对于辩题的立场，从而完成论辩中的立场分析。

最基础的多方对话场景下的立场检测方法与本书 3.3.4 小节中介绍的传统立场检测方法类似，即以分别建模评论句和目标句的方式，将针对话语之间的立场检测任务视为句对分类任务进行解决。而目前已有的多方对话立场检测模型则大多为了适应多方对话场景做出了一些适应性的改动，如将整个多方对话文本建模成一棵树，不同的节点存放不同的话语文本的相关信息表示。典型成果有 Kumar 等人[16] 提出的 Tree-LSTM 模型，它采用树形结构，联合建模谣言消息文本和相关评论文本，可以完成谣言检测与立场检测两项任务。

4. 讨论

结合上述国内外相关研究进展，本书认为将多方对话背景下的结构分析任务和立场检测任务进行一定的结合，会对完成两项任务本身有所帮助，且目前对结合两者所做的研究都具有一定的局限性，可以从这里着手开展进一步的研究。

具体来说，针对多方对话的场景，一方面由于多方对话的复杂结构，传统的双人对话文本的序列建模方式，例如使用 RNN 建模对话历史话语上下文的方式显得不够全面，而针对多方对话的树形结构特点，可以仿照已有的办法，使用可以处理树形结构的神经网络进行建模求解。另一方面，传统的 addressee 识别的相关方法仅考虑了话语之间语义上的相似度，由于目前的多方对话语料来源的场景往往是论坛、社交媒体，通常会针对某件事情进行讨论，因此往往会包含丰富的立场信息，这意味着可以将立场检测信息应用于 addressee 识别任务之中，从而实现立场信息对于多方对话结构分析任务的协助。

　　总之，多方对话场景下单纯的结构分析较为复杂，单纯的立场检测也具有一定的困难。因此，可以从基于多方对话的复杂结构建模立场检测任务，以及立场信息协助结构分析这两个角度，探究两项任务之间的联系以及互相影响、促进的作用方式，进而实现多方对话这一特殊场景下，立场检测与结构分析这两项任务的联合建模求解。

3.4.5　其他方法

　　除了本节介绍的基于上下文内容、基于上下文情感、基于说话者建模、基于多方场景建模外，常见的对话情感识别方法还包括引入外部知识的方法和多任务学习的方法。

1. 引入外部知识的方法

　　机器识别人类对话的情感存在一定的困难，因为人在表达情感时往往会依赖于语境信息以及一些常识知识。例如图 3-20 的第 3 句话中的 "it" 代指第 1 句话中的 "birthday"，这是依赖语境信息的体现；通过引入外部的知识库，第 4 句话中的 "friends" 可以联系到一些知识实体，如 "socialize" "party" "movie" 等，这样就更容易理解 "friends" 背后蕴含的丰富含义，从而也更容易识别出第 4 句话隐含的情感为 "快乐"。

图 3-20　语境信息以及常识知识的作用（示例来自 Daily Dialog 数据集）[5]

　　Zhong 等人[5]基于上述思想，提出了一种知识增强的 Transformer（Knowledge-enriched Transformer，KET）模型，通过高效地融入语境信息以及外部知识库，进行话语的情感识别。Transformer 模型在很多自然语言处理任务（如机器翻译、语言理解）中都展现了强大的表示学习能力，其中的自注意力（Self-attention）模块以及交叉注意力（Cross-attention）模块能够很好地建模句子间以及句子内部的关系，Transformer 模型中的注意力模块与 RNN 和 CNN 相比有更短的信息流，从而能更有效地建模语境信息。除此之外，Zhong 等人还应用了层次化的自注意力机制，以建模对话中的层次化结构。为了利用常识知识，KET 模型引入了外部的知识库，将话语中的词语和知识库中的实体进行映射，可以更好地理解词语的含义。

KET 模型的结构如图 3-21 所示。该模型将对话视为上下文（Context）与回复（Response）两部分，其中回复即为待识别情感的话语。KET 模型对话语中的每个词建立词向量表示，并通过检索外部知识库得到与其相关联的实体的向量，接着通过一个动态的、上下文感知的情感注意力机制计算实体的表示，以丰富词语的词向量表示。通过 Transformer 结构编码之后，KET 模型将上下文的表示与回复的表示进行交叉注意力计算，并用得到的表示进行最终的情感识别。

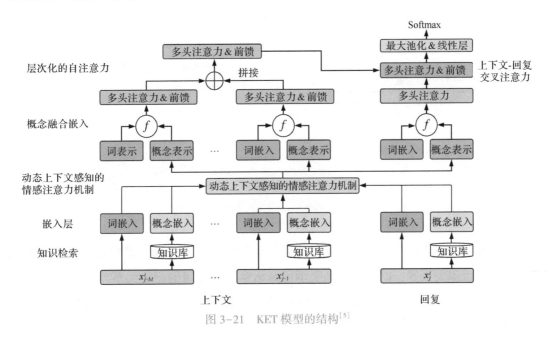

图 3-21　KET 模型的结构[5]

KET 模型引入了外部常识知识，并把 Transformer 模型应用于对话情感识别任务；使用层次化的自注意力机制和交叉注意力机制去理解上下文话语，同时使用动态上下文感知的情感注意力机制从外部的知识库和情感词典中动态地引入常识知识，以更好地理解对话中的话语。KET 模型在 EC、DailyDialog、MELD、EmoryNLP 和 IEMOCAP 这 5 个数据集上进行了实验，在大部分测试集上的性能都超过了已有的最优模型，表明了语境信息和常识知识对情感识别的有效性。

常识知识的引入除了可使词语联系到知识库中的实体之外，也能令更为复杂的常识对理解话语起到帮助作用。如图 3-22 所示，对话中的常识有说话者的反应、效果、意图等，这些都可以帮助模型更好地理解对话中情感的动态变化。

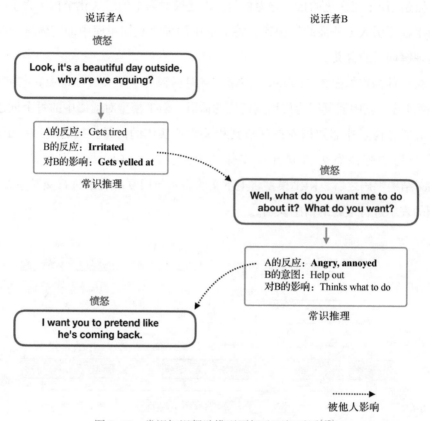

图 3-22　常识知识帮助模型更好地理解对话[17]

基于此，Ghosal 等人[17] 提出了新的框架 COSMIC，引入了不同的常识元素，如心理状态、事件和因果关系等，以此为基础来学习对话参与者之间的相互关系。通过学习独特的常识表示，COSMIC 解决了其他模型在语境传播、情感转移检测、相关情感类别区分上的一些困难，在 4 个不同的基准对话数据集上实现了更好的结果。

2. 多任务学习

在对话系统中，对话行为识别和对话情感识别是两个联系密切的任务，可以相互促进、共同提升。对话行为识别是判断一段对话中话语的行为信息，即话语的意图和功能。对话行为可以体现出一个说话者的意图，如询问（Question）、回答（Answer）、同意（Agree）、拒绝（Reject）等；还可以表达一个话语的功能，如承认（Acknowledgement）、感谢（Thanking）等。

对话行为和对话中话语的情感一样，都能加强关于对话的理解。两者之间存在一定的联系，比如接收（Accept）和同意（Agree）类型的对话行为往往伴随着喜悦（Joy）情感，而表达道歉（Apology）的对话行为通常伴随悲伤（Sadness）情感。如表 3-8 所示，说话者 B 的话语的对话行为标签是 Agreement（同意），意味着当前说话者 B 的话语同意前一个说话者 A 的话语［标签为 Statement（陈述）］，这样在预测说话者 B 话语的情感标签时，很大概率也可能是 Negative（消极），即与说话者 A 话语的情感保持一致。同样地，如果知道情感信息，也可以对行为识别产生帮助。

表 3-8　对话行为和情感分类的联系示例（数据来自 Mastodon 数据集）[18]

说话者	话语内容	对话行为标签	情感标签
A	They are as tired of social media as I am.	Statement	Negative
B	Yes! I don't get it. Everyone I talk to about facebook——every-one——hates it，but none of them will take action.	Agreement	Negative

基于上述的思想，Qin 等人[18]认为对话中的行为信息和情感信息可以相互辅助，从而提升彼此的识别性能。已有的方法要么把它们当作独立的任务，要么通过共享参数等较为隐式的方式对它们进行建模，而没有显式地建模两者之间的交互。基于此，本节介绍一种深层交互关系网络（Deep Co-Interactive Relation Network，DCR-Net）。这种方法可以显式地建模对话行为识别任务和对话情感识别任务之间的联系，并通过交互层的堆叠实现深层次的关系捕捉，同时提升了两个任务的性能。

DCR-Net 的模型结构如图 3-23 所示（图中各符号含义可参阅文献［18］），其主要由 3 部分组成：一个共享的层次化编码器、一个堆叠联合交互关系层，以及一个独立的解码器。对话行为识别和对话情感识别共享一个层次化编码器，该编码器由下层用来捕捉单词间时序关系的 Bi-LSTM 以及上层用来建模对话语境信息的自注意力层组成，经过该编码器之后，可以得到对话行为以及对话情感的初始表示。关系层用来显式地建模对话行为识别和对话情感识别之间的关系和交互，输入上一步得到的两个初始表示，输出更新后的表示。关系层可以被堆叠，以实现多步交互，从而更好地捕捉两者之间的关系。这部分共探索了 3 种策略来实现关系层，分别是直接将两者的表示拼接、将两者的表示拼接后经过多层感知机（Muti-Layer Perception，MLP），以及通过联合注意力机制捕捉两个任务间的信息传递。DCR-Net 的第 3 部分是解码器，这两个任务有自己独立的解码器，输入是上一步得到的表示，输出则是各自对应的类别。

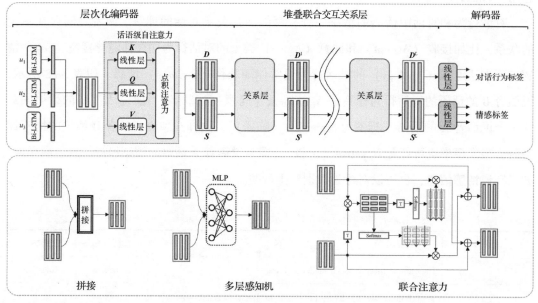

图 3-23　DCR-Net 的模型结构[18]

　　对 DCR-Net 的实验在 Mastodon 和 DailyDialog 两个数据集上进行，实验结果表明了该模型的有效性，并且达到了最优的结果。进一步地，该实验确认了两个任务间存在关系，并且显式地建模其关系能够提升两个任务的性能。除此之外，该研究还分析了在 DCR-Net 中引入 BERT 的结果，在使用强大的 BERT 进行表示提取后，DCR-Net 的性能可以得到进一步提升。

　　对话中的主题信息可以有效地帮助模型理解对话，尤其是在客户服务类对话中。在当前活跃的电商环境中，客户服务至关重要，客户服务类对话的挖掘也是实现商业智能的重要部分。这类对话与日常生活中的闲聊型对话不同，有两个较为明确的特点，它们同时也是在此类对话中进行情感识别的挑战。

　　（1）整体的对话动机较明确。顾客在开始对话时往往会有较为明显的动机，一般是讨论一些具体的话题，这对于话语的情感识别具有重要意义。如图 3-24 所示，在仅考虑内容的情况下，第 4 句话和第 6 句话看似表达了中性的情感，但是如果考虑到这是在商品快递的话题下，且这两句话的动机都是在询问发货慢的原因，就容易看出这两句话是消极的情感。此时，对话语境中一些话题相关的语义信息，如"shipped""tracking information""last week"等就可以帮助模型更好地判断情感。

　　（2）角色不同。客户服务类对话中一般有两个角色，即顾客和客服，他们都有各自的特点。顾客一般是询问问题或者表达对服务的不满，而客服一般是解决问题或者推销

图 3-24　客户服务类对话示例（数据来自 E-commerce 数据集）[19]

商品。这样的角色动机可以从他们的对话话语中观察到，比如顾客说"shipped"、客服说"patient"等。这些角色的差异可以帮助模型更好地判断话语的情感。

　　为了解决上述两个挑战，Wang 等人[19]聚焦于客户服务类对话的情感识别任务，提出了主题感知的多任务学习（Topic-aware Multi-task Learning，TML）。该方法能够捕捉多种主题信息，如整体的主题推理、顾客的主题推理、客服的主题推理等。整体的主题推理捕捉整个对话的主题信息，以建模整体的对话动机；顾客和客服的主题推理捕捉相应角色的主题信息，以建模不同角色的特征。在此基础上，TML 通过特征增强的方法获得主题相关的表示，并进一步通过门控融合方法将其融合到话语表示中，最终对话语进行情感识别。

　　TML 的模型框架如图 3-25 所示（图中各符号含义可参阅文献［19］），输入是客户服务类对话，输出是对话中每句话语的情感标签。模型整体采用了多任务学习的框架，有一个主任务是对话情感识别，还有 3 个辅助任务，分别是整体的主题推理、顾客的主题推理以及客服的主题推理。主任务对话情感识别的架构分为两部分，即基于 BERT 的话语编码器和采用注意力机制的上下文话语建模，主要思路是通过 BERT 进行编码，然后采用 LSTM 网络建模对话的上下文信息，最后通过注意力机制得到语境相关的话语表示。3 个辅助任务都是主题推理的任务，采用了神经主题模型得到 3 个不同的主题表示，其架构主要分为两部分：推理网络和生成网络。推理网络主要学习主题的分布，而生成网络用于得到主题的向量，两者一起得到对话的主题表示。最后，采用门控机制将通过 3 个辅助任务得到的主题表示与通过主任务得到的话语表示进行融合，进而进行情感识别。

　　为了促进该方向的研究，Wang 等人构建了一个高质量的大规模数据集 E-commerce。该数据集来源于真实的电商客服对话场景。在该数据集上的实验表明，TML 与已有的对话情感识别方法相比具有更好的性能。

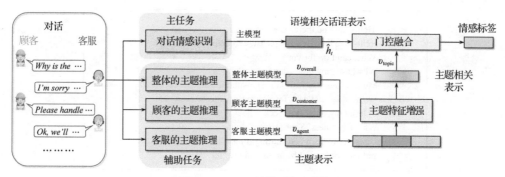

图 3-25　TML 的模型框架[19]

3.5　本章小结

目前的对话情感识别模型研究较为成熟。然而，对于聊天机器人而言，用户是聊天的主体，对话情感识别模型若不考虑融合用户的个性化信息，将导致对话情感识别的结果缺乏个性化。虽然目前已有一些模型融入了用户特征，但是实验性能提升并不明显，因此如何将用户特征更好地融入对话情感识别模型中，依然是值得思考的一个问题。

此外，通过分析情感对话机器人人机对话语料可以看出，一类特殊的情感表达——隐式情感出现频率较高。情绪化、口语化和随意性是聊天内容的特点，这也导致了情感对话机器人系统中隐式情感句所占比例较大。隐式情感不同于显式情感，是指句子中不含有明显指示情感信息的内容。例如，句子"我这次考试得了满分！"虽然不包含任何情感成分，却反映出用户"喜悦"的情感。这种情感隐藏性使得隐式情感的处理变得较为困难，截至本书成稿之日，相关工作还较少见。传统的对话情感识别方法较为依赖句中的情感特征，无法提供足够规模和种类的背景知识，不适用于隐式情感句的对话情感识别。因此，从上下文中或者跨篇章搜寻分类证据，以及深入挖掘隐式情感句的内部词语的潜在语义，从而获取一定规模的、多种类的背景知识，成为解决问题的突破口。

参考文献

［1］ Mohammad S, Kiritchenko S, Sobhani P, et al. Semeval-2016 Task 6：Detecting Stance in Tweets ［C］// Proceedings of the 10th International Workshop on Semantic Evaluation（SemEval-2016）. ［S. l.］：Association for Computational Linguistics，2016：31-41.

［2］ Xu R, Zhou Y, Wu D, et al. Overview of NLPCC Shared Task 4：Stance Detection in Chinese Microblogs ［M］// Natural Language Understanding and Intelligent Applications. Cham：Springer，2016：

907-916.

[3]　Poria S, Cambria E, Hazarika D, et al. Context-Dependent Sentiment Analysis in User-Generated Videos [C]// Proceedings of the 55th Annual Meeting of the Association for Computational Linguistics. [S. l.]: Association for Computational Linguistics, 2017: 873-883.

[4]　Jiao W, Yang H, King I, et al. HiGRU: Hierarchical Gated Recurrent Units for Utterance-Level Emotion Recognition [C]// Proceedings of the 2019 Conference of the North American Chapter of the Association for Computational Linguistics: Human Language Technologies. [S. l.]: Association for Computational Linguistics, 2019: 397-406.

[5]　Zhong P, Wang D, Miao C. Knowledge-Enriched Transformer for Emotion Detection in Textual Conversations [C]// Proceedings of the 2019 Conference on Empirical Methods in Natural Language Processing and the 9th International Joint Conference on Natural Language Processing (EMNLP-IJCNLP). [S. l.]: Association for Computational Linguistics, 2019: 165-176.

[6]　Busso C, Bulut M, Lee C-C, et al. IEMOCAP: Interactive Emotional Dyadic Motion Capture Database [J]. Language Resources and Evaluation, 2008, 42: 335-339.

[7]　Poria S, Hazarika D, Majumder N, et al. MELD: A Multimodal Multi-Party Dataset for Emotion Recognition in Conversations [C]// Proceedings of the 57th Conference of the Association for Computational Linguistics. [S. l.]: Association for Computational Linguistics, 2019: 527-536.

[8]　Lu X, Zhao Y, Wu Y, et al. An Iterative Emotion Interaction Network for Emotion Recognition in Conversations [C]// Proceedings of the 28th International Conference on Computational Linguistics. [S. l.]: International Committee on Computational Linguistics, 2020: 4078-4088.

[9]　Hazarika D, Poria S, Zadeh A, et al. Conversational Memory Network for Emotion Recognition in Dyadic Dialogue Videos [C]// Proceedings of the 2018 Conference of the North American Chapter of the Association for Computational Linguistics: Human Language Technologies. [S. l.]: Association for Computational Linguistics, 2018: 2122-2132.

[10]　Hazarika D, Poria S, Mihalcea R, et al. ICON: Interactive Conversational Memory Network for Multimodal Emotion Detection [C]// Proceedings of the 2018 Conference on Empirical Methods in Natural Language Processing. [S. l.]: Association for Computational Linguistics, 2018: 2594-2604.

[11]　Majumder N, Poria S, Hazarika D, et al. DialogueRNN: An Attentive RNN for Emotion Detection in Conversations [C]// Proceedings of the AAAI Conference on Artificial Intelligence. 2019, 33: 6818-6825.

[12]　Ghosal D, Majumder N, Poria S, et al. DialogueGCN: A Graph Convolutional Neural Network for Emotion Recognition in Conversation [C]// Proceedings of the 2019 Conference on Empirical Methods in Natural Language Processing and the 9th International Joint Conference on Natural Language Processing (EMNLP-IJCNLP). [S. l.]: Association for Computational Linguistics, 2019: 154-164.

［13］ Zhang D, Wu L, Sun C, et al. Modeling both Context- and Speaker-Sensitive Dependence for Emotion Detection in Multi-speaker Conversations ［C］// Proceedings of the Twenty-Eighth International Joint Conference on Artificial Intelligence. ［S. l. ］: International Joint Conferences on Artificial Intelligence Organization, 2019: 5415-5421.

［14］ Tan M, Wang D, Gao Y, et al. Context-aware Conversation Thread Detection in Multi-party Chat ［C］// Proceedings of the 2019 Conference on Empirical Methods in Natural Language Processing and the 9th International Joint Conference on Natural Language Processing （EMNLP-IJCNLP）. ［S. l. ］: Association for Computational Linguistics, 2019: 6456-6461.

［15］ Zhu H, Nan F, Wang Z, et al. Who Did They Respond to? Conversation Structure Modeling Using Masked Hierarchical Transformer ［C］// Proceedings of the AAAI Conference on Artificial Intelligence. Palo Alto, California USA: AAAI Press, 2020, 34 （5）: 9741-9748.

［16］ Kumar S, Carley K M. Tree LSTMs with Convolution Units to Predict Stance and Rumor Veracity in Social Media Conversations ［C］// Proceedings of the 57th Annual Meeting of the Association for Computational Linguistics. ［S. l. ］: Association for Computational Linguistics, 2019: 5047-5058.

［17］ Ghosal D, Majumder N, Gelbukh A, et al. COSMIC: Common Sense Knowledge for eMotion Identification in Conversations ［C］// Findings of the Association for Computational Linguistics: EMNLP 2020. ［S. l. ］: Association for Computational Linguistics, 2020: 2470-2481.

［18］ Qin L, Che W, Li Y, et al. DCR-Net: A Deep Co-interactive Relation Network for Joint Dialog Act Recognition and Sentiment Classification ［C］// Proceedings of the AAAI Conference on Artificial Intelligence. New York, USA: AAAI Press, 2020, 34 （5）: 8665-8672.

［19］ Wang J, Wang J, Sun C, et al. Sentiment Classification in Customer Service Dialogue with Topic-Aware Multi-Task Learning ［C］//Proceedings of the AAAI Conference on Artificial Intelligence. New York, USA: AAAI Press, 2020, 34 （5）: 9177-9184.

第 4 章
对话情感管理

对话情感管理是情感对话机器人系统重要的研究任务。本章首先介绍对话情感管理的任务定义与任务分析，然后介绍对话情感管理算法，包括对话情感预测和对话情感原因发现。

4.1　对话情感管理的任务定义与任务分析

对话情感管理是指在人机对话场景下，当用户有情感产生的时候，机器人根据用户当前的话题和情感进行状态判断，以启动不同的状态模块来进行下一步的自动对话生成。因此，对话情感管理是一个总控模块，上接对话情感识别模块（第 3 章），通过用户状态分析，来启动不同用途的下游对话情感回复生成模块，如图 4-1 所示。

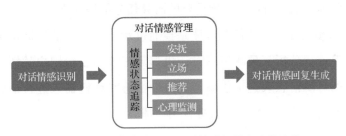

图 4-1　对话情感管理在对话情感机器人中的定位

常见的对话情感状态有以下 4 种。

（1）安抚：在闲聊时，若用户出现了异常情绪，对话机器人就会启动"话术"模块进行必要的安抚服务。

（2）立场：对话机器人在与用户进行话题的讨论时，若对话中出现了"支持"或

"反对"的立场问题,就会启动"立场分析"模块。

(3)推荐:对话机器人在与用户对话时,若探测到用户的购买意图,就会启动"产品评论分析"模块。

(4)心理监测:对话机器人在与用户闲聊时,若检测到用户的心理异常情况,如抑郁症状、自杀倾向等,就会启动"精神健康监测"模块。

对话情感管理是一个新兴的研究任务,它密切衔接"对话情感识别"和"对话情感回复生成"两个任务。该任务更像是一个模块分控器,及时探测到机器人应该具备的状态,并启动相应的模块。

值得一提的是,截至本书成稿之日,对话情感管理的概念还没有被普及,然而这是一个非常关键的中控模块,将会使情感对话机器人更能满足实际对话场景,获得广泛应用。现有的情感对话技术多集中于用户闲聊的应用场景,然而闲聊的实际价值不大,事实证明对用户的黏着性也不强,更像是这类技术的初步探索。而"对话情感管理"任务的提出将会对情感对话相关技术的落地提供切实的指向,如用于安抚、推荐、心理监测等。

由于目前还没有对话情感管理的相关工作,研究人员的下游任务均集中于纯粹的带有情感的对话回复生成技术研究(第5章)。同时,也有一些多方对话立场检测、精神健康监测等研究工作正在推进,但均没有与对话场景进行结合。

4.2 对话情感管理技术

在对话情感管理方面,有以下3项重要的研究任务值得探索。

(1)对话情感预测任务。该任务具体是指通过对当前用户的对话情感状态、当前话语及历史对话语境进行分析,预测情感对话机器人应该回复给用户的情感。该任务可为情感对话机器人的自动情感表达提供参考,协助情感对话机器人进行情感决策,实现更加合理、更有依据的情感化回复,有效提升用户体验。

截至本书成稿之日,对话情感预测任务的相关工作还非常少见。Wei等人[1]最早考虑了该任务,提出了一个可自动推断目标情感的统一情感对话系统,在回复的情感质量上取得了很好的结果。Zhang等人[2]考虑在训练阶段有效利用未来回复,并由此提出了基于变分推断的方法,实现了对话情感预测性能的提升。

(2)对话情感原因发现任务。用户在对话场景中产生情感是有原因的,如果我们能把握住产生情感的原因,就能够使对话机器人的回复更充实、更有针对性,从而避免回复过于教案化，提升用户体验。例如，如果情感对话机器人可以把握住用户产生"喜悦"情感的原因是"考了满分"，则可以在回复中就"考试"这个话题开展讨论，而不只是简单地回复"恭喜"。

截至本书成稿之日，对话情感原因发现任务的相关工作还非常少见。本书详细介绍了对情感原因发现的研究内容的设计和基本的研究方案，以期对该任务的未来研究有所帮助。

（3）对话情感状态追踪任务。该任务受任务型对话管理算法中"状态追踪任务"的启发，具体是指根据对话情感原因发现的结果，面向对话语境和用户的建模来预测情感对话机器人下一步要启动的情感管理状态，是一个典型的分类任务。本书首次提出了对话情感状态追踪的概念。

由于对话情感预测任务的结果可作为输入直接用于对话情感回复生成任务，因此可以将其看作对话情感管理的一个简化模块。这部分内容将在 4.2.1 小节详细介绍。此外，本书认为分析当前用户话语情感产生的原因是能够进行情感状态追踪的重要线索，因此会在 4.2.2 小节介绍一些关于话语中情感原因发现的思考。此外，图 4-1 中展示的与"情感状态"的"立场"相关的技术、与"推荐"相关的产品细粒度情感分类技术可在 3.3 节中查到；"安抚"的情感状态与对话共情技术相关内容，将在 4.3 节进行介绍；"心理监测"的情感状态与精神健康早期鉴别技术相关内容，将在 4.4 节介绍。

4.2.1　对话情感预测

对于情感对话系统来说，其最基本的情感能力就是理解情感和表达情感。而在表达情感的各种场景中，根据给定情感目标生成情感回复是最基本且应用最广泛的场景。然而，在表达特定情感之前存在一个关键问题：需要明确知道待表达的目标情感是如何获得的。因为只有获得合适的目标情感，才有可能实现合适的情感表达。这个问题是对话情感管理之中的一个关键子问题，称为对话情感预测问题。

对话情感预测问题，一般可表达为：在情感对话系统中，基于对话的历史上下文等信息，推断出对话系统待生成回复最合适的情感或情感分布。图 4-2 给出了该问题的一个简单示例。

从上面的例子不难看出，在对话系统生成情感回复之前，需要知道待表达的目标情感是什么，而对话情感预测则为此提供了有效支持。它通过对话的上下文和已经识别出的用户的"悲伤"情感，预测出最合适的目标情感是"同情"，从而支撑生成环节实现合适的情感表达。

1. 相关工作介绍

与对话情感识别问题已得到广泛研究不同，对话情感预测问题的相关研究仍处于相

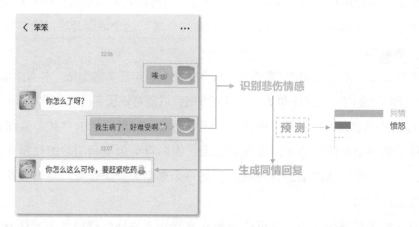

图 4-2 对话情感预测问题示例

对早期的阶段。Wei 等人[1]最早在情感对话系统中考虑了对话情感预测问题。他们指出，前人的对话情感生成工作都需要手动指定目标情感，这在实际应用中是不可能的，因此提出了一个可自动推断目标情感的统一情感对话系统，在回复内容质量和情感质量上都取得了当时最好的结果。

对话情感预测问题相较对话情感识别问题有一个明显的区别，即情感识别的待识别回复是已知的，而情感预测的待预测回复是未知的。然而，在模型训练阶段，两个任务一般使用同样的语料，即对话情感预测也可以在训练时见到一个已知的待预测回复，因此如果能在训练阶段有效利用该回复，就很有可能对情感预测性能产生帮助。最近，Zhang 等人[2]和 Wei 等人[3]都从这个角度进行了探索，下面进行详细介绍。

2. 代表性工作介绍

上述 Zhang 等人[2]和 Wei 等人[3]的工作都是从训练时利用待预测回复的角度出发，又都是利用了变分推断（Variational Inference）相关技术实现的，因此下文将两者放在一起进行介绍。

首先，简单介绍变分推断的相关概念，以帮助读者更好地理解两个工作的思想。在概率模型中，我们经常需要对后验概率进行计算，而后验概率又常常难以直接计算，所以常常使用变分推断的办法来进行近似推断。

假设观测数据是 x，模型中的隐变量是 z，要解决的问题是推断后验概率分布 $p(z \mid x)$。变分推断就是将后验概率分布用一个变分分布 $q(z; \theta)$ 来近似，从而将原问题转换为一个优化问题：

$$\min_{\theta} \mathrm{KL}(q(z; \theta) \| p(z \mid x))$$

优化上式会得到能使变分分布和后验概率分布距离最短的变分分布参数，进而可以使用变分分布近似原始的后验概率分布。一般来说，如果目标确实是推断后验概率分布，那么对真实后验分布一般是未知的，求解此优化问题时还需要进行进一步处理，最后会转换为对不需要 $p(z \mid x)$ 参与直接计算的证据下界（Evidence Lower Bound，ELBO）的最大化问题：

$$\mathrm{ELBO} = \mathrm{E}_{q(z;\boldsymbol{\theta})}\big[\log p(\boldsymbol{x} \mid \boldsymbol{z})\big] - \mathrm{KL}\big(q(\boldsymbol{z};\boldsymbol{\theta}) \,\|\, p(\boldsymbol{z})\big)$$

但是从另一个角度看，在已知 $p(z \mid x)$ 的情况下求解此问题仍然是有意义的，问题就可以视为用不带条件 x 的 $q(z;\boldsymbol{\theta})$ 去近似带条件 x 的 $p(z \mid x)$。如果 $q(z;\boldsymbol{\theta})$ 和 $p(z \mid x)$ 分别是两个神经网络编码器 A 和 B，那就意味着将原本需要 x 作为输入的编码器 B 的能力，近似迁移到了不需要 x 作为输入的编码器 A 之中。Zhang 等人[2]和 Wei 等人[3]的工作就是利用了这一结论实现了训练阶段对测试阶段不可见回复的利用。

接下来，介绍 Zhang 等人[2]提出的交互情感学习（Interactional Emotion Learning，IEL）模型。该模型的具体结构如图 4-3 所示（图中各符号含义可参阅文献［2］）。其中，图 4-3a 为在训练阶段使用的模型结构，图 4-3b 为在测试阶段使用的模型结构。

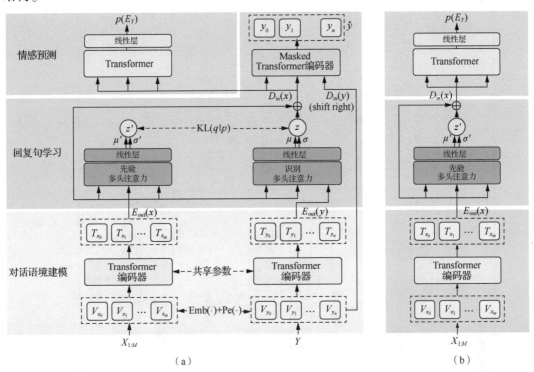

图 4-3 Zhang 等人[2]提出的 IEL 模型结构

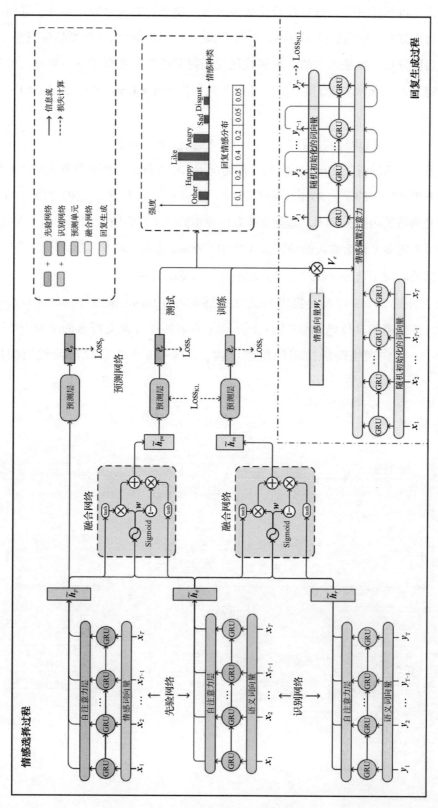

图 4-4　Wei 等人[3] 提出的 TG-EACM 模型结构

在训练阶段，模型同时接收对话上文 $X_{1:M}$ 和回复 Y 作为输入，经过先验网络（Prior Network）和后验识别网络（Posterior Recognition Network）后分别可得到 $p_{\theta}(z \mid c)$ 和 $q_{\varphi}(z \mid c, y)$［对应于图 4-3 中的 $\mathrm{KL}(q \| p)$］，前者仅依赖对话上文，而后者同时依赖对话上文和回复，优化两者的 KL 距离即可将 $q_{\varphi}(z \mid c, y)$ 的能力近似迁移到 $p_{\theta}(z \mid c)$ 中，也就实现了训练阶段对回复中蕴含信息的学习和利用。

在测试阶段，可以看到模型只接受对话上文 $X_{1:M}$ 作为输入，而且后验识别网络的相关结构也被移除，符合了下文回复不可见的实际设定。

Zhang 等人[2]在多个公开数据集上测试了 IEL 模型，实验结果显示，在对话情感识别任务上表现优异的基线模型在对话情感预测任务上性能不佳，而通过变分推断建模了回复的 IEL 模型则显示出了巨大的优势。

最后，我们介绍 Wei 等人[3]提出的 TG-EACM 模型，模型结构如图 4-4 所示（图中各符号含义可参阅文献［3］）。与 Zhang 等人[2]的工作仅关注对话情感预测问题不同，Wei 等人的主要贡献是提出了一个可自动推断目标情感的统一情感对话系统，但是其中推断目标情感部分也是在训练阶段利用了下一句回复，其主要思想同样是变分推断的思想，与 IEL 模型相应部分的思想和实现都十分接近，因此不再赘述。

Wei 等人[3]在公开数据集上对其情感对话系统的整体表现进行了测试，并设计了丰富的评价指标。其中，$\bar{S}_{\text{semantics}}$ 是语义的人工打分（非 0 即 1）平均值，$\bar{S}_{\text{emotion}}$ 是情感的人工打分（非 0 即 1）平均值，$\bar{Q}_{\text{response}}$ 是语义和情感的综合得分（语义和情感均为 1 时记为 1，其余情况记为 0）平均值，EACM 是不包含变分推断部分的基线模型。从实验结果可以看出，TG-EACM 模型与其他模型相比，回复语义和回复连贯性都是很接近的；但由于推断目标情感部分引入了变分推断，导致 TG-EACM 模型的情感合适度要明显优于其他模型，充分体现了训练阶段有效利用下一句回复的重要性。

总之，Zhang 等人[2]和 Wei 等人[3]分别提出的 IEL 模型和 TG-EACM 模型在对话情感预测问题上都尝试在训练阶段学习和利用下一句回复所蕴含的信息，且都采用了变分推断的思想加以实现，最终都在相应数据集上取得了很好的实验结果。

4.2.2 对话情感原因发现

仅仅识别出用户的情感，是情感对话机器人对用户情感的浅层分析，这还不足以让情感对话机器人给出更有针对性的回复。如果情感对话机器人能够更进一步地获知用户产生某种情感的原因，如判断出"我今天考了满分"中用户"喜悦"的原因是"考了满分"，就可以围绕这个情感原因生成更有针对性、内容更丰富的回复。这项任务被称为对话情感原因发现，属于面向情感对话机器人的情感分析任务中较深层次的情感理解。

目前的情感对话机器人系统还没有使用到相关的研究成果。纵观情感分析领域，情感原因发现的相关研究也不多见。情感原因发现主要分为微观情感原因发现和宏观情感原因发现两类。微观情感原因发现是指在情感段落中发现用户产生某种情感的原因，答案一般存在于情感段落中，属于抽取性问题。而宏观情感原因发现一般与事件和群体情感相连，是指发现群体对某一事件产生某种情感的原因。显然，情感对话机器人中的情感原因发现属于第一类问题。

对于微观情感原因发现，由于语料库的限制和问题的难度，相关的研究工作并不多。有些学者使用基于规则的方法来识别情感原因，也有学者提出使用 CRF 的机器学习方法来识别情感原因。现有工作标注了 2105 个含有情感标签的段落作为情感原因发现语料库，并使用核函数和基于事件驱动的方法识别段落中情感的原因。与宏观情感原因发现相关的研究更少，有学者提出使用子事件描述作为情感原因，将情感原因发现问题转换为情感相关的子事件识别问题。

在情感对话机器人系统中，情感原因发现任务可以帮助其理解用户产生某种情感的原因，以便根据具体原因来生成更多样化、更有针对性的情感回复，因此是一项非常有价值的工作。然而截至本书成稿之日，还没有相关的研究来挖掘用户产生情感的原因。因此，研究情感对话机器人中的情感原因发现将为情感对话机器人的语言深度理解和回复生成的多样化提供技术支持。下面介绍情感原因发现任务的研究内容设计和研究方案分析。

1. 研究内容设计

情感原因发现是面向情感对话机器人的情感分析技术的深化，属于对用户聊天内容的深入理解和剖析，是情感对话机器人的"情商"的一种体现。研究内容分为两个部分，首先是判断用户聊天内容中是否存在情感原因，然后是识别情感原因的边界。

（1）情感原因判断

在情感对话机器人系统中，并非所有带有情感的聊天内容都有原因。因此情感原因判断任务可以看作情感原因发现的第一步。如果不存在情感原因，可以仅根据用户的情感和聊天的内容生成相应的回复；反之，要识别出原因的边界，并基于原因，结合情感和聊天内容生成回复。

（2）情感原因边界识别

情感原因边界识别即识别出聊天内容中的一个片段，作为用户产生某种情感的原因。这是情感对话机器人具有分析能力、提高"情商"的一个重要标识。

　　面向情感对话机器人的情感理解方面的关键问题是情感原因语料不足。目前，与情感原因发现相关的算法较少，且多依赖有指导的机器学习模型。然而，由于情感原因标注较为烦琐，目前现有的情感原因标注语料规模较小。这为很多机器学习模型，尤其是深度学习模型在算法中发挥作用带来了困难。因此，如何解决因情感原因语料不足而带来的情感原因识别性能不高是一个核心问题。

2. 研究方案分析

　　对含有情感的人机对话而言，有的情感句并不包含具体的产生原因，如"我今天很高兴"。因此，情感原因发现任务的处理对象是那些含有原因的情感句。这就意味着，首先需要判断一个情感句是否存在原因，然后再对原因进行边界识别。

　　情感原因判断任务是一个典型的分类任务，即判断一个情感句是否含有具体的原因。该任务可以尝试采用多种成熟的分类算法。例如，可以将情感句的词向量作为分类模型的输入，然后采用多种神经网络模型进行特征的自动提取，从而完成分类。此外，一些明显的特征（如原因关联词等）也可以向量化，并加入神经网络模型中。

　　对于情感原因边界识别任务，从是否使用训练语料的角度出发，可以考虑基于句法表示的情感原因发现算法和基于强化学习（Reinforcement Learning，RL）的情感原因发现算法。

　　（1）基于句法表示的情感原因发现算法

　　情感原因发现任务可以看作一种序列标注任务，即标注出句子中的哪些词是情感的作用范围。例如"非常开心今天抢到了最新款的苹果！"，情感原因发现就是找出情感词"开心"的作用范围。如图 4-5 所示，B 表示情感原因的开始词，I 表示情感原因的中间词，O 代表非情感原因词。基于此，可以将情感词和句中的任何一个词搭配作为候选进行分类，并分配合适的标签，通过最终的序列标签来获得句子中的情感原因。

非常	开心	今天	抢到	了	最	新款	的	苹果	！
O	O	B	I	I	I	I	I	I	I

图 4-5　用 BIO 标签标注的情感原因示例

　　从上例可以发现，情感词与原因词之间具有特殊的句法关系，这种句法关系可以作为寻找情感原因的证据。如图 4-6 所示，"开心"是情感词，情感原因主词是"抢到"，"开心"与"抢到"之间的句法关系具体是指副词修饰动词（ADV），而"抢到"和"苹果"之间的句法关系具体是指谓语和宾语的关系（VOB）。通过二者之间的句法关系，以及情感原因主词与其他词的句法关系，可以找到情感原因的范围。

图 4-6　情感词与原因词之间的句法关系示例

一种最简单的利用句法关系的方法是使用两个词之间的最短句法路径。然而，句法路径一般被看作一个整体，因此泛化性不好。为了解决这个问题，可以将句法信息进行向量化表示，融入分类模型中。句法信息向量表示有两种设计思路：关系向量的嵌入表示和子树向量的嵌入表示。

关系向量的嵌入表示（Relation Embedding）：主要是对句法路径上的词之间的句法关系进行向量编码，反映出两个词之间的潜在语义。由此可以看出，关系向量的嵌入表示主要用于描述句法路径中词之间的关系。

子树向量的嵌入表示（Subtree Embedding）：对于句法路径上的每个词而言，为了得到更全面的语义表示，除了使用它本身的词向量外，还可以通过句法关系找到与它相连的其他词，使用这些词的词向量进行语义补充。对于图 4-7 中的例子而言，"苹果"本身具有歧义性，但通过句法关系可以发现与之相连的词语"新款"，"新款"的语义可以间接传递出"苹果"是手机，而非水果。由此可以看出，子树向量的嵌入表示主要用于描述句法路径中词的语义。

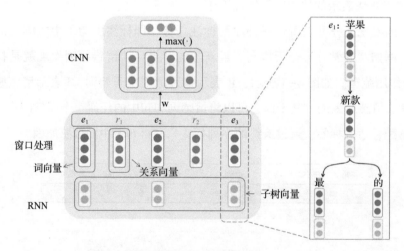

例子：非常开心今天抢到了最新款的苹果！

图 4-7　基于句法信息向量表示的情感原因发现算法

为了更好地融合以上的两种句法信息向量表示，可以采用神经网络模型，如图 4-7 所示。其中，e_i 代表句法路径上的任何一个词，r_i 代表句法路径上词之间的关系。以图 4-6 为例，假设要判断词语"苹果"是否为情感词"开心"的原因，则首先要获得

"苹果"和"开心"之间的最短路径，然后再获取此最短路径上的词向量和关系向量。

　　具体而言，由于子树向量的生成是一个不断迭代的过程，因此可以选择 RNN 模型来生成句法路径上每个词的子树向量。在此基础上，句法路径上的每个词的词向量连同其子树向量可以构成一个新的向量，作为神经网络模型输入的一部分；句法路径上每两个词之间的关系用关系向量表示，作为输入的另一部分。由于 CNN 模型具有很强的特征选择能力，因此利用它将词向量与关系向量进行融合，通过判断情感词与候选原因词之间是否具有原因关系，来找到真正的情感原因词。

　　（2）基于强化学习的情感原因发现算法

　　基于句法表示的情感原因发现算法可用的前提是有足够的已标注好的训练语料。然而情感原因语料的标注较为复杂，且费时费力，因此有必要进一步研究无训练语料或者训练语料较少的情况下，如何进行情感原因的识别。截至本书成稿之日，学术界尚未出现与之相关的研究。

　　针对该问题，本书提出一种基于强化学习的情感原因发现算法，如图 4-8 所示。该算法基于这样一个假设：反映某种情感的原因一般也能够表达出这种情感。例如，用户的聊天"哥今天考了满分啊，全班唯一一个，简直太令人高兴了！连看起来讨厌的同桌都顺眼多了。"表达出的是"喜悦"的情感，相应的原因是"哥今天考了满分啊"。显然，这个原因也可以用情感分类模型识别为"喜悦"。基于这种现象，可以利用用户聊天内容的情感（已知）反作用回情感原因的识别，即通过判断某一候选原因（如"哥今天考了满分啊"或"连看起来"等聊天片段）的情感与已知聊天内容情感是否一致，来丢弃错误候选原因，从而挑选出真正的情感原因。

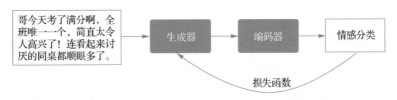

图 4-8　基于强化学习的情感原因发现算法框架

　　候选原因的生成步骤可以命名为生成器（Generator），候选原因的向量化称为编码器（Encoder）。因此，生成器和编码器是基于强化学习的情感原因发现的两个重要的步骤。将编码器生成的候选原因向量作为情感分类模型的输入，就可以得到获取某种情感的概率。通过利用损失函数进行计算，可以重新调整模型的参数，用生成器生成新的候选原因，并进行编码、分类，进入新一轮的迭代，最终获取最优的情感原因。由此可以看出，生成器和编码器中损失函数的构造是该算法的重点。

在生成器部分，候选情感原因的抽取可以看作序列标注问题，即将原因词标记为 1，而非原因词标记为 0。神经网络模型可以有多种选择，如可利用 Elma RNN、Jordan RNN 或 LSTM RNN 来完成候选情感原因的抽取。候选情感原因生成器模型如图 4-9 所示。

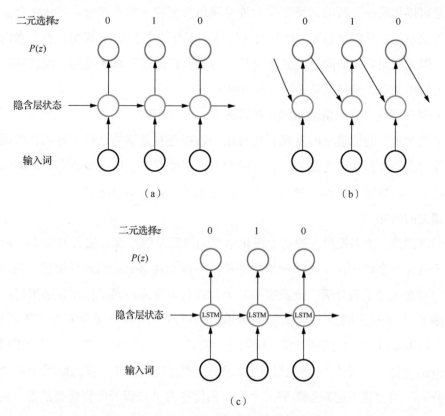

图 4-9　候选情感原因生成器模型

(a) Elma RNN　　(b) Jordan RNN　　(c) LSTM-RNN

编码器可以用多种方法实现，如 RNN 模型等。损失函数则根据候选原因情感分类的结果与生成器序列标注的结果进行设计。

上文介绍的这种无指导的强化学习框架，可用来发现用户产生情感的原因，以增强情感对话机器人对情感的深入理解。该算法不需要标注训练语料，主要利用已知的用户情感在编码器中构造损失函数，以挑选出最合适的候选原因，作为最终的情感原因。这种无指导的算法有效解决了情感原因发现任务中语料不足的问题。

4.3　对话共情技术

近年来，对话共情技术受到了广泛的关注，并出现了大量的相关研究。对话共情旨在让情感对话机器人从对话中理解用户的经历和感受，并通过对话回复将据此生成的情感表达出来。在该任务中，情感对话机器人扮演的是一个倾听者的角色，它通过对话来不断深入了解用户的内心世界，并通过回复向用户传播"我理解你"的信号，促使用户得到愉快、满足的心理体验，提升用户对机器人的满意度。同时，对话共情技术也是心理咨询对话机器人中的一项重要技术，可以起到促进与用户建立联系、激发用户自我探索、把握用户问题实质等作用，并为进一步影响用户状态、解决用户问题提供支持。

从上面的描述可以看出，对话共情技术可以分为共情场景识别和对话共情回复两个任务。共情场景识别任务衔接对话情感管理的"对话情感状态追踪"任务（见图 4-1），是该任务的输出。对话共情回复任务的目标具体是指在对话回复中充分体现共情。本节重点讨论对话共情回复任务的相关技术。

通过概念对比可以看出，对话共情回复与对话情感回复虽然有相通之处，但两者也存在显著差异。

（1）对话共情回复和对话情感回复的最终任务目标有相同之处，都是为了提升用户的满意度。

（2）对话共情回复可以是对话情感回复，但并不总是对话情感回复。例如，当用户在描述一个悲伤经历的时候，恰当地表达一定的悲伤情感是有助于共情的；但有时候共情也并不完全依赖情感，比如提问也常常是一种共情回复的手段，它可以传递"我在听""我很关心你的经历"的信号，但却可以完全不包含情感。

（3）对话情感回复可以是对话共情回复，但并不总是对话共情回复。在上面提到的例子中，恰当地表达悲伤情感有助于共情；但很多时候对话情感回复可以与共情没有关系。例如，情感对话机器人在主动表达自己的喜悦经历时，相应的情感回复只是在表达情感。因此，对话情感回复和对话共情回复是相互交叉的，两者的关系如图 4-10 所示。

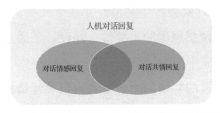

图 4-10　对话情感回复与对话共情回复的关系示意图

对话共情回复主要涉及理解用户和表达共情两个维度，相关工作也是沿着这两个维度展开的。对于理解用户部分，已有工作主要集中关注用户的情感状态，提出了一系列聚焦情感因素的共情回复技术；对于表达共情部分，已有工作从对话行为、沟通机制等需要综合认知对话状态的角度入手，提出了一系列聚焦认知因素的共情回复技术。此外，还有部分工作综合考虑这两方面，提出了融合两种因素的共情回复技术。

1. 聚焦情感因素的共情回复技术

这类工作主要关注情感因素以增强共情回复。情感因素可以从两个角度进行表达，即理解情感和表达情感。从理解情感的角度开展的相关工作中，Rashkin 等人[4]首先提出了对话共情回复任务，并通过众包构造了一个对话共情回复数据集。他们发现识别用户的情感并将其注入生成模型中，可以让模型生成更加共情的回复。Lin 等人[5]提出了 MoEL 方法，针对用户不同的情感使用了不同的专家解码器，并综合多个专家进行共情回复输出。Li 等人[6]关注到已有方法对用户细粒度情感的建模能力不足，提出了 EmpDG 方法，可建模对话上下文中的多粒度情感因素。Shin 等人[7]认为已有工作都是通过考虑用户当前的情感状态进行回复，而共情回复实际是面向用户未来的感受，因此提出了一种通过模拟用户未来情感状态去激励生成更优共情回复的方法。Gao 等人[8]认为已有工作仅关注情感标签而忽略了情感原因，而理解用户情感原因是促进共情产生的重要因素，为此他们设计了捕获情感原因并将其融入对话情感回复生成的新方法。Li 等人[9]认为缺乏外部知识会使对话系统难以处理隐式情感，并会影响学习情感交互，为此他们通过引入外部知识和构造情感上下文图等机制来学习情感依赖关系，以促进更优共情回复的产生。

此外，还有研究人员在理解用户情感的基础上，进一步尝试从表达情感的角度进行探索。Majumder 等人[10]基于"共情回复通常会模仿用户的情感"的假设提出了 MIME 方法，并设计了多种机制促使情感对话机器人在共情回复中模仿用户情感。Zeng 等人[11]同样考虑了回复中的情感表达对共情的积极影响，并提出了一种情感解码技术来增强共情回复。Shen 等人[12]重点关注了"情感共识"现象，认为共情对话是一个双向的过程，对话双方的情感集中于同一点时就会产生共情，并基于此提出了一种双向生成模型 Dual-Emp。Kim 等人[13]注意到了情感原因的重要性，并设计了通过关注输入中情感原因词的方法将情感原因融入回复生成中。

总的来说，聚焦情感因素的共情回复技术普遍仅关注情感因素，并不涉及影响共情回复的其他非情感因素。

2. 聚焦认知因素的共情回复技术

共情回复中的认知因素主要指对话行为、沟通机制等。仅关注认知因素的工作相对较少，这些工作主要是揭示认知因素的重要意义或为认知因素建模构建基础数据集。Sharma 等人[14]首次引用了心理学中对于共情的"情感""认知"双维度表达，提出了现有工作仅关注"情感"而忽略"认知"的问题，进而从认知维度提出了 3 种共情交流机制：情感反应、情感解释和情感探索，并设计了相应的模型来识别对话中这 3 种共情交流机制。Welivita 等人[15] 为对话共情回复生成构造了更大规模的语料，并着重将对话行为引入数据集，为后续关注认知因素的工作提供了支持。后来，他们进一步拓展了上面的工作，并将上述语料扩充成了更大规模的数据集[16]。Zhong 等人[17] 认为个性化信息会影响共情，提出了基于角色的对话共情回复任务，并构造了一个大规模多领域数据集。总的来说，这类工作揭示了认知因素在共情对话中的重要意义，并为融合多因素的研究提供了数据等方面的支持。

3. 融合情感因素和认知因素的共情回复技术

这类技术最近受到越来越多研究人员的关注，同时考虑情感因素和认知因素已渐渐成为对话共情回复工作的主流。Zandie 等人[18] 设计了一个 GPT 改进模型，将对话情感和对话行为等同时融入该模型，实现了融合多因素的对话共情回复生成。Zheng 等人[19] 认为建模共情表达不应该只简单地将情感因素和认知因素融合，而是应该考虑它们之间的层次化关系，并基于此设计了层次化建模多因素关系的对话共情回复生成模型 CoMAE。Sabour 等人[20] 考虑利用常识知识来获取关于用户状态的更多信息，以此促进对用户状态的更深入理解，并利用这些附加信息增强回复中的共情表达。

总的来说，对话共情回复技术的相关研究正处于高速发展时期，已有工作已经深入到多种影响因素融合建模的阶段。未来一个值得探索的方向是对话共情回复技术与心理咨询对话机器人的结合，这可能会产生更适用于具体落地场景的真实应用，并对解决当下越来越高发的精神健康问题有重要意义。

4.4　抑郁症检测技术

我们可以从日常的人人或人机对话记录中检测用户的精神状态，目前常见的相关研究工作是面向访谈记录的抑郁症早期检测。这项工作的主要任务是对用户的访谈对话文本、音频及面部变化进行用户心理状态分析，从而识别抑郁症。纵观目前的研究工作，面向访谈记录的抑郁症检测任务主要涉及抑郁判断和心理评分。其中，抑郁判断的目标是确认受试者是否患有抑郁症，心理评分主要是对受试者的抑郁表现进行确认。不同抑郁症患者有不同的抑郁表现，主要包括焦虑、失眠、担忧、厌食等，心理评分是对受试者的这些抑郁表现进行评分（面向数据集的心理评分主要是基于已有的心理调查问卷进行）。将各项抑郁表现的评分相加，就可以直接得到抑郁判断的结果。可以说，心理评分是对抑郁判断的一种细化。

1. 基于抑郁症特征的分析方法

作为一种致病机理与表现尚未被完全研究透彻的心理疾病，抑郁症更需要可解释性强的方法，而不是可解释性较差的深度学习方法。所以使用计算机挖掘抑郁症患者的特征，并利用传统机器学习算法进行检测，对临床有指导意义。有学者已经在音频模态上发现了根据元音产生的频率范围检测抑郁症的方法[21]，即某些词出现频率升高可以作为抑郁症特征应用于相关检测中[22]。

2. 基于抑郁症心理评分的方法

这类方法主要是通过预测用户心理问卷的评分，检测用户是否患有抑郁症。采用这类方法进行检测时，不仅要考虑访谈记录，也需要考虑问卷本身的内容。有学者基于问题和文本中句向量的相似度进行预测，从而得出心理评分[23]。

3. 基于直接分类的独立模态方法

这类方法侧重研究语义特征与声学特征。有学者提出使用注意力机制和 LSTM 可以有效地捕捉访谈文本中的语义特征[24]。还有学者认为，访谈过程中不止受试者的话语是重要的，控制者的问题也很重要，因此提出对控制者的特定问题进行分类[25]，从而更好地识别受试者话语的含义。在声学特征方面，有学者提出使用 CNN 直接对每句话的波形提取特征[26]，再使用 LSTM 分类。后来，又有学者提出使用 CNN 对音频频谱图进行特征提取，用 SVM 进行分类[27]。

4. 基于直接分类的模态间融合的方法

作为多模态数据，访谈记录有决策单元长、需要处理的数据规模大的特点。有学者提出了基于受试者对特定类型问题的回答，将受试者话语分成不同主题（主题基于文本产生），然后针对不同主题下的多模态提取特征使用 SVM 分类[28]。有学者提出了使用主题进行数据增强，然后使用 CNN+预训练模型的方法对频谱图与文本提取音频与文本特征[29]。

4.5 本章小结

对话情感管理是对话系统中必不可少的模块，但在情感对话机器人系统中少有涉及。本章介绍了对话情感管理的必要性，以及作者团队在对话情感管理任务方面的一些研究工作。目前，对话情感管理任务亟待解决的问题就是统一定义（如情感对话的状态有哪些，任务定义都是什么），及构建合适的语料资源及平台。未来，本书作者团队及相关研究人员将致力于推动该任务的发展，并构建相应的资源。

参考文献

[1] Wei W, Liu J, Mao X, et al. Emotion-aware Chat Machine：Automatic Emotional Response Generation for Human-like Emotional Interaction ［C］// Proceedings of the 28th ACM International Conference on Information and Knowledge Management. New York：ACM, 2019：1401-1410.

[2] Zhang R, Wang Z, Huang Z, et al. Predicting Emotion Reactions for Human-computer Conversation：A Variational Approach ［J］. IEEE Transactions on Human-machine Systems，2021, 51（4）：279-287.

[3] Wei W, Liu J, Mao X et al. Target-guided Emotion-aware Chat Machine ［J］. ACM Transactions on Information Systems，2021, 39（4）：1-24.

[4] Rashkin H, Smith EM, Li M, et al. Towards Empathetic Open-domain Conversation Models：A New Benchmark and Dataset ［C］//Proceedings of the 57th Annual Meeting of the Association for Computational Linguistics. ［S. l.］：Association for Computational Linguistics，2019：5370-5381.

[5] Lin Z, Madotto A, Shin J, et al. MoEL：Mixture of Empathetic Listeners ［C］//Proceedings of the 2019 Conference on Empirical Methods in Natural Language Processing and the 9th International Joint Conference on Natural Language Processing（EMNLP-IJCNLP）. ［S. l.］：Association for Computational Linguistics，2019：121-132.

[6] Li Q, Chen H, Ren Z, et al. EmpDG：multi-resolution Interactive Empathetic Dialogue Generation ［C］//Proceedings of the 28th International Conference on Computational Linguistics. Barcelona：International Committee on Computational Linguistics，2020：4454-4466.

[7] Shin J, Xu P, Madotto A, et al. Generating Empathetic Responses by Looking Ahead the User'S Sentiment ［C］//2020 IEEE International Conference on Acoustics, Speech and Signal Processing（ICASSP2020）. Berlin：IEEE, 2020：7989-7993.

[8] Gao J, Liu Y, Deng H, et al. Improving empathetic response generation by Recognizing Emotion Cause in Conversations ［C］//Findings of the Association for Computational Linguistics：EMNLP 2021. ［S. l.］：Association for Computational Linguistics，2021：807-819.

[9] Li Q, Li P, Ren Z, et al. Knowledge bridging for Empathetic Dialogue Generation ［C］//Proceedings of the AAAI Conference on Artificial Intelligence. CA：AAAI, 2022.

[10] Lin Z, Madotto A, Shin J, et al. MoEL：Mixture of Empathetic Listeners ［C］//Proceedings of the 2019 Conference on Empirical Methods in Natural Language Processing and the 9th International Joint Conference on Natural Language Processing（EMNLP-IJCNLP）. ［S. l.］：Association for Computational

Linguistics，2019：121-132.

［11］ Zeng C，Chen G，Lin C，et al. Affective decoding for Empathetic Response Generation ［C］//Proceedings of the 14th International Conference on Natural Language Generation. ［S. l.］：Association for Computational Linguistics，2021：331-340.

［12］ Shen L，Zhang J，Ou J，et al. Constructing Emotional Consensus and Utilizing Unpaired Data for Empathetic Dialogue Generation ［C］//Findings of the Association for Computational Linguistics：EMNLP 2021. ［S. l.］：Association for Computational Linguistics，2021：3124-3134.

［13］ Kim H，Kim B，Kim G. Perspective-taking and Pragmatics for Generating Empathetic Responses Focused on Emotion Causes ［C］//Proceedings of the 2021 Conference on Empirical Methods in Natural Language Processing. ［S. l.］：Association for Computational Linguistics，2021：2227-2240.

［14］ Sharma A，Miner A，Atkins D，et al. A Computational Approach to Understanding Empathy Expressed in Text-based Mental Health Support ［C］//Proceedings of the 2020 Conference on Empirical Methods in Natural Language Processing （EMNLP）. ［S. l.］：Association for Computational Linguistics，2020：5263-5276.

［15］ Welivita A，Pu P. A Taxonomy of Empathetic Response Intents in Human Social Conversations ［C］//Proceedings of the 28th International Conference on Computational Linguistics. Barcelona：International Committee on Computational Linguistics，2020：4886-4899.

［16］ Welivita A，Xie Y，Pu P. A Large-scale Dataset for Empathetic Response Generation ［C］//Proceedings of the 2021 Conference on Empirical Methods in Natural Language Processing. ［S. l.］：Association for Computational Linguistics，2021：1251-1264.

［17］ Zhong P，Zhang C，Wang H，et al. Towards Persona-based Empathetic Conversational Models ［C］//Proceedings of the 2020 Conference on Empirical Methods in Natural Language Processing （EMNLP）. ［S. l.］：Association for Computational Linguistics，2020：6556-6566.

［18］ Zandie R，Mahoor M H. EmpTransfo：a multi-head transformer architecture for Creating Empathetic Dialog Systems ［C］//The Thirty-third International FLAIRS Conference. CA：AAAI，2020：276-281.

［19］ Zheng C，Liu Y，Chen W，et al. CoMAE：A Multi-factor Hierarchical Framework for Empathetic Response Generation ［C］//Findings of the Association for Computational Linguistics：ACL-IJCNLP 2021. ［S. l.］：Association for Computational Linguistics，2021：813-824.

［20］ Sabour S，Zheng C，Huang M. CEM：Commonsense-aware empathetic Response Generation ［C］//Proceedings of the AAAI Conference on Artificial Intelligence. CA：AAAI，2022.

［21］ Cummins N，Vlasenko B，Sagha H，et al. Enhancing Speech-based Depression Detection Through Gender Dependent Vowel-level Formant Features ［C］//Conference on Artificial Intelligence in Medicine in Europe. Cham：Springer，2017：209-214.

［22］ Villatoro-Tello E，Ramírez-de-la-Rosa G，Gática-Pérez D，et al. Approximating the Mental Lexicon from Clinical Interviews as a Support Tool for Depression Detection ［C］//Proceedings of the 2021 International Conference on Multimodal Interaction. NY：ACM，2021：557-566.

［23］ Delahunty F，Johansson R，Arcan M. Passive Diagnosis incorporating the PHQ-4 for Depression and Anxiety ［C］//Proceedings of the Fourth Social Media Mining for Health Applications (# SMM4H) Workshop & Shared Task. ［S. l.］：ACL，2019：40-46.

［24］ Mallol-Ragolta A，Zhao Z，Stappen L，et al. A Hierarchical Attention Network-based Approach for Depression Detection from Transcribed Clinical Interviews ［C］//INTERSPEECH2019. ［S. l.］：INTERSPEECH，2019.

［25］ Rinaldi A，Tree J E F，Chaturvedi S. Predicting Depression in Screening Interviews from Latent Categorization of Interview Prompts ［C］//Proceedings of the 58th Annual Meeting of the Association for Computational Linguistics. ［S. l.］：ACL，2020：7-18.

［26］ Ma X，Yang H，Chen Q，et al. Depaudionet：An efficient deep model for Audio based Depression Classification ［C］//Proceedings of the 6th International Workshop on Audio/Visual Emotion Challenge. NY：ACM，2016：35-42.

［27］ Saidi A，Othman S B，Saoud S B. Hybrid CNN-SVM Classifier for Efficient Depression Detection System ［C］//2020 4th International Conference on Advanced Systems and Emergent Technologies (IC_ASET). NJ：IEEE，2020：229-234.

［28］ Gong Y，Poellabauer C. Topic Modeling Based Multi-modal Depression Detection ［C］//Proceedings of the 7th Annual Workshop on Audio/Visual Emotion Challenge. NY：ACM，2017：69-76.

［29］ Lam G，Dongyan H，Lin W. Context-aware Deep Learning for Multi-modal Depression Detection ［C］//ICASSP 2019-2019 IEEE International Conference on Acoustics，Speech and Signal Processing (ICASSP). NJ：IEEE，2019：3946-3950.

第 5 章
对话情感回复生成

表达情感的能力是构建人机对话系统的一个重要因素，具备情感色彩的对话系统会更加人性化，也是人工智能技术赋能机器的一项长期目标。对话情感回复生成旨在生成具备情感的对话回复，从而使得人机对话系统像人一样具备表达情感的能力。本章首先介绍对话情感回复生成的任务定义以及任务分析，接着介绍文本生成的相关算法，主要包含基础的语言生成算法，以及对话生成和文本摘要这两个较为常见的文本生成算法，最后介绍基于生成式和基于检索式这两大类对话情感回复生成算法。

5.1　对话情感回复生成任务定义

面向情感对话机器人的情感回复生成是一个典型的从无到有的生成任务，具体是指基于情感对话机器人对用户话语的情感识别和情感理解结果，生成更具有针对性、更有意义的回复。然而，目前大部分情感对话机器人系统还不具备这样的情感表达能力，这导致用户的体验大打折扣。因此，本章主要从回复生成的角度讨论如何在对话情感识别和对话情感管理结果的基础上，将情感信号与回复内容进行有机结合。

对话情感回复生成任务的输入一般有下面两种形式。根据不同的输入设置，回复生成策略也有所不同。

1. 用户对话表达+指定生成的情感标签

这种输入设置来自于情感回复生成初期的任务。例如：输入用户表达"今天我考试不及格"和要求生成下文的情感标签"伤心"，这意味着生成的回复的情感基调必须是"伤心"的，例如生成"你太让人失望了"，而不能生成其他情感类型的回复。

2. 用户对话表达

显然,第一种输入设置与真实的人人对话是不同的,体现在真实的对话不需要指定生成的情感,情感的流露是一种自然的表达。因此,很多学者在研究真实设定下的情感回复生成算法。这里蕴含了一个潜在的需求,即要通过用户的对话表达,得知用户的真实意图。换言之,利用本书第4章介绍的情感对话管理的结果,获知用户的对话情感状态属于"立场""安抚""心理监测"还是"推荐",以便生成相应的多元化、符合真实意图的情感回复。

在算法层面,面向情感对话机器人的情感回复生成任务与传统的聊天机器人中的回复生成技术非常相似。当前传统聊天机器人的回复生成包括以下几种主流技术:基于人工模板的方法、基于机器翻译技术的方法、基于检索的方法以及基于深度学习的方法。其中,深度学习方法中的端到端模型属于前沿技术。在端到端模型的研究框架下,越来越多的学者通过修改模型来增强回复生成的多样性、灵活性和针对性。然而,还没有太多的研究工作通过加入情感信息来生成有情感的回复。显然,情感回复生成将会为情感对话机器人更增灵动感。这种技术体现出的更高的"情商"无疑能够成为情感对话机器人一项特色功能。

5.2 对话情感回复生成任务分析

根据实现技术的不同,已有的聊天机器人系统大体可分为两类:基于生成的聊天机器人和基于检索的聊天机器人。基于生成的聊天机器人中,已有一些工作可以使得对话系统给出合适的情感表达,这类问题的对应算法称为生成式情感回复生成算法。类似地,在基于检索的聊天机器人中,同样存在获得恰当情感表达的问题,这类问题的对应算法就是检索式情感回复生成算法。

1. 生成式情感回复生成算法

该算法沿用了对话回复生成中的主流模型——端到端的对话生成模型,即输入用户表达的上文,模型直接输出生成的回复。这类算法研究的重点是如何在端到端的生成模型基础上融合情感信息,从而使得生成的对话回复具备一定的情感倾向。目前已经出现了很多在模型中融合情感信息的方式,如添加情感表达向量、引入外部情感词典、情感化采样等,这些机制使得模型在生成对话的回复时,除了考虑内容的合适性,还在回复中注入了一定的情感色彩。

2. 检索式情感回复生成算法

该算法借鉴了对话回复生成中的检索式模型，即通过在库中检索用户表达的上文，获取符合相关情感要求的回复直接作为情感回复。这类算法研究的重点是选择哪种检索算法和检索库，以及如何融合情感信息。由于检索到的相关回复与实际用户表达有一定差距，如何改写回复也是需要研究的一个问题。

此外，从如何融入情感信号的角度出发，对这类算法的研究又有很多不同的思路。例如：利用情感信号对候选回复生成进行筛选，或者直接将情感信号编码到端到端生成模型中，大部分研究工作都集中于这两种思路。未来，可以考虑影响情感的其他相关因素（如用户信息、讨论话题、情感原因等多个维度）对要生成的回复进行更深入的刻画。由于对话情感回复生成任务是比较典型的文本生成任务，所以接下来先介绍传统的文本生成算法（5.3 节），再介绍对话情感回复生成算法（5.4 节）。

5.3　文本生成技术

自然语言生成（Natural Language Generation，NLG）是自然语言处理中的一项重要任务，其目标是使计算机能够模仿人类进行语言的表达。自然语言生成与自然语言理解（Natural Language Understanding，NLU）一起构成了自然语言处理的研究领域，其在以自然语言表达为主要手段的系统中发挥着重要的作用，如人机对话系统、文本摘要系统等。

随着深度学习时代的到来，自然语言生成得到了快速的发展，并且被广泛应用于多个任务场景。本节首先介绍基础的语言生成算法，然后分别介绍文本生成中的两个经典的算法：对话生成算法和文本摘要算法。

5.3.1　语言生成算法

自然语言生成模型中较为主流的是编码器–解码器（Encoder-Decoder）框架，其中编码器和解码器可以选择不同的神经网络模型。早期的有 RNN，现在较为常见的是 Transformer 结构[1]。随着预训练模型的快速发展，以 GPT[2] 为代表的预训练生成模型也得到了极大的关注。本小节首先介绍编码器–解码器框架，然后介绍以 RNN 为基础的语言生成模型，接着介绍以 Transformer 结构为基础的语言生成模型，最后介绍基于预训练方式的生成模型。

1. 编码器–解码器框架

编码器–解码器框架是端到端的自然语言生成框架，被广泛应用于对话生成、机器翻译、文本摘要、语音识别等任务。该框架通过编码器对输入序列进行编码，然后通过解码器进行解码，最终输出一个序列，是端到端（Sequence to Sequence，Seq2Seq）的生成模型框架。

编码器是对输入序列进行理解的部分，它将输入进行语义编码，转换为向量的表示。解码器是生成输出序列的部分，它利用编码器的信息以概率的方式预测要生成的每一个词，从而得到生成的序列。图 5-1 展示了用于对话生成任务的编码器-解码器框架。如图所示，输入是对话的上文，该上文被送入编码器进行语义编码，编码结果被传送给解码器；解码器则通过一步步解码预测出对话回复的每个词语，进而得到最终的回复。

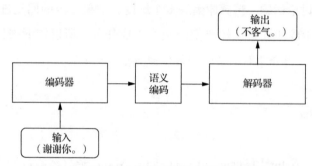

图 5-1　用于对话生成任务的编码器-解码器框架

编码器-解码器框架一般采用注意力机制来提升生成序列的质量。该机制类似于人在认知时的视觉注意力情况：当人去观察事物时，会对场景中的局部事物集中大部分的注意力，而对周围的场景进行弱化。例如，人在观察动物占主体的图片时，会自然而然地更关注图中的动物，而忽略掉动物所处的周围环境。注意力机制也是如此，解码器会在解码过程的每一步都有选择性地关注编码器得到的输入信息，并为编码器的信息设置权重，从而根据权重对编码器的信息进行利用。这样，解码器在生成阶段可以直接关注编码器的输入信息，并有选择性地利用这些信息，从而提升生成文本的质量。

2. 基于 RNN 的生成模型

RNN 是自然语言处理中十分常见的神经网络模型，在序列建模上具备得天独厚的优势。

自然语言是一种序列化的数据，词语按照从开始到结束的顺序进行排列。常见的神经网络模型（如多层感知器和 CNN 等）没有时序结构建模的能力，因此在序列数据的建模能力上有缺陷。而 RNN 是有反馈能力的神经网络模型，能够处理不定长的输入序列，因此其具备强大的序列建模能力，在自然语言处理的多项任务中都发挥了重要的作用。

图 5-2 展示了按时间线展开的 RNN 模型结构。RNN 的基础框架与前馈神经网络一样，包含输入层、隐含层以及输出层。输入层将 t 时刻输入的词语转换为词向量表示 x^t，

隐含层进行表示的更新并计算出 t 时刻的隐含层状态 h^t，输出层通过映射函数将表示向量转化为输出向量 o^t，其可能是类别的概率分布或者词表的概率分布。但与前馈神经网络的不同之处在于，RNN 的隐含层是循环运行的，即每一时刻的输入除了输入层的输入外，也包括上一时刻隐含层的输出，这使得 RNN 具备了对之前时刻信息的记忆能力，从而具备了对序列的建模能力。

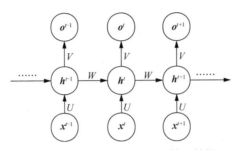

图 5-2　按时间展开的 RNN 模型结构

　　RNN 按照时间序列依次进行输入、隐含层状态计算和输出，到序列结束时完成前向传播的过程，并计算模型输出和真实标签之间的误差。RNN 的训练算法称为基于时间的反向传播（Back Propagation Through Time，BPTT）算法。RNN 每个时刻的隐含层状态都受到之前时刻的隐含层状态影响，使得 RNN 的前向传播过程是一个多重复合函数的形式，在进行反向传播时，需要从最后一个时刻将误差的梯度进行回传，直至第一个时刻为止。将 RNN 展开为权值共享的前馈神经网络时，其参数的梯度定义为所有层梯度之和，这使得反向传播计算中出现了连乘项，从而面临梯度消失以及梯度爆炸的问题。梯度爆炸是指随着大梯度值的不断累积，网络的梯度越来越大，会使神经网络模型训练不稳定。而梯度消失是指随着小梯度值的不断累积，网络的梯度越来越小，会使较远的信息反馈难以捕捉，从而丧失了神经网络模型远距离依赖关系的学习能力。梯度消失与梯度爆炸本质上还是 RNN 的长序列建模导致的，目前已经有一些方法能够缓解这些问题，如梯度裁剪、正则化等。还有学者提出了 RNN 的变种 LSTM 网络与 GRU 等，可以缓解基础版 RNN 存在的梯度问题。

　　LSTM 网络[3]可以在一定程度上缓解普通的 RNN 在处理长文本序列时的问题。LSTM 网络引入了记忆单元和门控机制，因此能够更好地控制内部信息的流动与存储；其采用向量维持记忆，每一步通过加法进行更新，内部则由输入门、遗忘门和输出门 3 种门控机制进行控制。遗忘门控制上一时刻记忆信息的保存，输入门生成当前时刻输入的记忆信息并控制输入信息对记忆单元的影响，输出门则控制模型在某一时刻的最终输出。

　　GRU[4]同样能够缓解长距离依赖的问题，并且结构较 LSTM 网络更加简单。它有两个门控机制，分别是更新门和重置门，更新门控制前一时刻的记忆信息保存到当前时刻的程度，重置门则控制前一时刻的记忆信息被忽略掉的程度。

LSTM 网络与 GRU 在自然语言处理的应用中较为广泛，两者的任务性能没有明显的优劣之分，在不同的数据集以及参数设置下会有不同的表现。但从结构来看，GRU 的内部单元结构更简单，模型的运算效率更高，能一定程度上缩短模型运算时间。

在实际的应用中，除了直接采用 LSTM、GRU 等模型进行序列建模外，RNN 模型还有其他较为常见的使用方式，如多层 RNN（Multi-layer RNN）以及双向 RNN（Bidirectional RNN）。多层 RNN 是多个 RNN 进行堆叠，构建深层次的 RNN 网络，从而计算更为复杂的语义表示。双向 RNN 是在单向的从左到右进行序列建模的 RNN 基础上，再添加一个从右到左进行序列建模的 RNN。在句子序列建模过程中，前面的信息对当前时刻的理解有帮助，后面的信息往往也会对当前时刻的理解有帮助，因此在实际应用中，双向 RNN 的应用要更为常见。

由于 RNN 具备出色的序列建模能力，常用于编码器–解码器的框架中，形成了较为流行的基于 RNN 的 Seq2seq 生成模型[4]。编码器采用 RNN 对输入的序列进行建模，解码器也采用 RNN 输出生成的序列。解码器解码时，每一步的输出层将隐含层状态表示映射到词表的维度，进而根据概率选择出当前步的输出词语。不同的选择策略代表着不同的解码器解码方法，目前较为常见的解码方法有贪心搜索、集束搜索（Beam Search）、Top-k 采样、Top-p 采样等。

基于 RNN 的 Seq2Seq 模型结构在对话生成、文本摘要、机器翻译等生成式任务中应用广泛，但其也存在一定的问题。一方面，由于 RNN 结构在编码和解码时都是从左至右依次进行，不能并行进行处理，这在处理较长的序列时会有较高的时间复杂度，使得当前主流硬件环境（GPU）的并行性不能得到充分的利用，处理大规模的数据比较困难。另一方面，RNN 按照序列依次进行建模，序列太长时会存在梯度问题，不能很好地建模长程的依赖关系，这也使得基于 RNN 的 Seq2Seq 模型在处理长文本时面临一定的困难。

3. 基于 Transformer 的生成模型

随着注意力机制在序列建模中得到广泛使用，其解决 RNN 长序列建模问题的能力被学者认可。基于 RNN 的 Seq2Seq 模型存在并行困难以及长程依赖的问题，因此需要新的模型架构。Transformer 模型[1]应运而生，其抛弃了 CNN、RNN 等建模架构，而是完全采用注意力机制的思想来进行文本的建模。

之前的注意力机制应用于编码器–解码器框架的解码部分，在每一步解码时通过注意力机制关注编码器的状态，这是两部分信息之间的注意力。为了在单个句子内部使用注意力机制进行建模，Transformer 模型的作者提出了自注意力机制。自注意力机制是对一个句子的词语之间进行注意力的计算,使得同一个句子内词语产生相互联系,利用词语之间的信息更新得到词语的表示,进而完成对整个句子的建模。

Transformer 模型通过自注意力机制构建了基本单元,接着通过基本单元的多层堆叠构建了编码器和解码器部分,最终形成了 Transformer 模型的完整编码器–解码器结构,如图 5-3 所示。

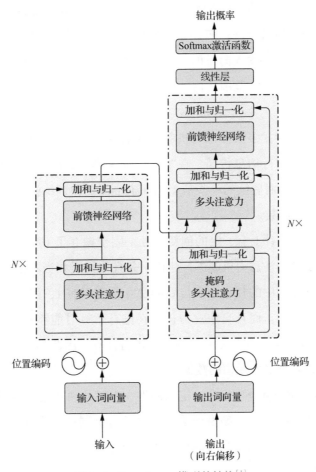

图 5-3 Transformer 模型的结构[1]

Transformer 的基本单元由 4 部分组成,即多头注意力(Multi-Head Attention)机制、残差连接(Residual Connection)、层归一化(Layer Normalization)和前馈神经网络(Feed Forward Network)。

多头注意力机制是多个自注意力机制的结合,其中每个自注意力意在学习不同表示空间的特征,从而能够捕捉句子内部更为丰富的信息。在实现形式上,多头注意力机制是将向量表示进行切分,然后在每个切分块内部进行自注意力计算,最后再将得到的向量进行连接,从而保持与原向量相同的维度。多头注意力机制中的自注意力机制数量(Head 数)可以视具体的向量维度而定,一般为 8、12、16 等。

残差连接是将一个模块的输出以及输入进行连接,从而得到模块的最终输出。这种机制适用于层次较深的神经网络模型,通过将模型底层的信息直接传递到模型的高层,一定程度上缓解深层神经网络的信息流失问题,在反向传播时也可以缓解梯度消失的问题。残差连接的加入能够帮助模型训练得更好,让模型损失在训练过程中更加平滑。

层归一化是对输入的向量进行归一化的操作。它首先计算出向量每一维的均值和方差,进而通过归一化操作将输入向量的均值和方差分别归一化到常数。层归一化的操作会使特征的向量值保持在一定范围之内,能够帮助 Transformer 等深层次的模型训练得更加迅速和稳定。

前馈神经网络是连接在多头注意力机制模块后的网络模块,其主要是将多头注意力机制的输出作为输入来进行信息传递。在 Transformer 模型的前馈神经网络中,非线性激活函数采用 ReLU 函数,而后续的一些基于 Transformer 的预训练模型如 BERT、GPT 等都采用了更有效的 GeLU 函数。

Transformer 模型在设计上有一定的创新之处,完全抛弃了 CNN、RNN 等传统神经网络模型架构,采用了新的注意力机制进行建模,并且取得了相当不错的效果。Transformer 的自注意力机制使得序列中的任意两个位置的交互距离只有 1,因此能够比 RNN 更好地建模长序列中的依赖问题。而且自注意力机制在进行运算时能够并行地计算整个序列的状态表示,不像 RNN 那样必须从左到右的依次进行计算,因此 Transformer 模型有很强的并行运算能力,可以处理更大规模的数据。

但是 Transformer 模型自身也存在一定的问题。自然语言中的位置信息能够有效帮助模型理解文本,但 Transformer 模型由于采用自注意力机制进行序列建模,丧失了序列的位置信息捕捉,其在输入上额外加入的位置编码只是权宜之计,并没有改变 Transformer 模型结构上的固有缺陷。

从目前的效果来看,Transformer 模型一出现便受到了极大的关注,其在机器翻译、文本摘要等任务中表现出了优异性能。在该模型架构的基础上,又涌现出了一大批利用大规模无监督数据的预训练模型,如 BERT、GPT 等。这些模型在多个任务上取得了优异的性能,成为新的研究热点,为自然语言处理领域的研究打开了新的篇章。

4. 预训练生成模型

在 Transformer 模型的基础上,大规模预训练生成模型的发展十分迅速。与 RNN 模型相比,Transformer 模型具备良好的并行性、计算效率高,可用于大规模数据的快速训练。

另外，Transformer 模型可以使用深层次的网络结构，从而使模型的容量得到很大的提升，也为大规模的文本上下文学习提供了可能性。这些优势使得当前基于 Transformer 的预训练生成模型受到学者的广泛关注。

OpenAI 基于 Transformer 模型的解码器部分，提出了生成式预训练 Transformer（Generative Pretrained Transformer，GPT）模型[2]。GPT 模型的架构如图 5-4 所示，其采用了 Transformer 架构中的解码器结构（共 12 层），隐含层维度设置为 768 维，整个模型的参数量为 1.17 亿个左右。该模型采用 BooksCorpus 数据集作为模型的预训练语料，该语料包含了超过 7000 本书籍的内容，文本序列较长，能帮助模型学习长距离的依赖信息。

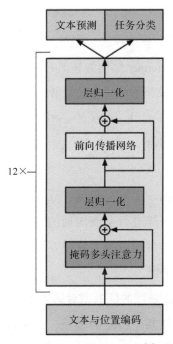

图 5-4　GPT 模型的架构[2]

GPT 模型的发展让学者看到了预训练生成模型的巨大潜力，因此后续 OpenAI 又推出了 GPT-2 模型[5]。GPT-2 模型与 GPT 模型的架构类似，但采用了更大的模型容量，容量最大的 GPT-2 模型使用了 48 层网络，隐含层维度达到了 1600，参数规模达到了 15 亿个。此外，GPT-2 模型的预训练采用了更大规模的语料库（WebText），该语料库包含 800 万个文档，数据量达到了 40GB。GPT-2 模型在下游的一系列文本生成任务上表现出了优异的性能，如机器翻译、文本摘要、对话生成等。

在此基础上，GPT-3 模型[6]的推出引起了更广泛的关注，它进一步扩充了模型容量以及预训练数据，取得了更为惊人的效果。容量最大的 GPT-3 模型使用了 96 层网络，隐含层维度为 12, 288，参数规模达到了 1750 亿个，训练数据包括了几种目前常见的大型语料，如包含近万亿个单词的 CommonCrawl、WebText2、Wikipedia 等。GPT-3 模型的提出旨在解决预训练模型在微调阶段对领域数据的过拟合问题，在少样本学习上取得一定的进展，因此该模型不需要在下游任务上做微调，可以完全通过任务的提示词（Prompt）进行下游任务的实验。

除了 GPT 系列的预训练生成模型外，很多类似的大规模预训练生成模型也相继出现，如基于掩码 Transformer 结构的 UniLM，基于编码器-解码器结构的 MASS、BART、T5 等模型。这些模型采用不同的模型架构，均取得了不错的预训练生成模型效果。

5. 小结

本小节介绍了基础的文本生成模型算法。首先，介绍了通用的编码器-解码器文本生成框架，然后介绍了以 RNN、Transformer 结构为基础的 Seq2Seq 模型，最后介绍了基于 Transformer 结构的预训练生成模型。从当前的研究进展来看，预训练生成模型的效果在下游任务的表现更好，也取得了更为广泛的关注，相关的一些改进工作一直是学术界的研究热点。

5.3.2　对话生成算法

对话生成是自然语言生成的一个常见应用，近年来受到学者的广泛关注。人机对话系统致力于让机器人具备和人一样进行交流沟通的能力，是人工智能领域的重要研究方向。随着深度学习技术的不断进展，以及大规模互联网社交数据的快速增长，人机对话系统的相关研究也取得了新的进展。

人机对话系统一般分为限定领域的任务型对话系统以及开放领域的闲聊型对话系统。限定领域的任务型对话系统关注某个特定的领域，以完成某个特定的任务为目标，如电商客服、餐饮助手等。开放领域的闲聊型对话系统则是以与人闲聊为目标，不限制特定的领域，也没有特定的任务目标，多以生活娱乐、情感抚慰为主。对话系统被视为下一代人机交互的重要形式，在学术界以及工业界都受到了极大关注，当前已经有一些产品进入大众的视野。苹果 Siri、微软 Cortana 等限定领域对话系统的产品已经随着手机、操作系统等媒介进入人们的日常生活中，微软小冰、小米小爱、百度小度等开放领域对话系统也以微信聊天机器人、智能音箱等形式被人们所熟知。

近年来，随着深度学习技术的发展，限定领域和开放领域的人机对话系统都取得了不错的进步。本小节主要介绍开放领域的闲聊型人机对话系统的对话生成方法。闲聊型人机对话系统中主要的对话生成方法可以分为检索式方法、生成式方法和检索与生成相结合的方法。下面分别介绍各种方法的工作流程以及经典工作。

1. 检索式方法

检索式方法需要构建一个用于检索的语料库，并在该语料库中查询对话的上文，从中检索到一个合适的回复。这种方法的工作重点是在对话上文与回复之间进行精确的语义匹配，从而检索到最佳回复。由于检索式方法的语料库一般是人工构建的，而回复是从语料库中通过回复选择算法得到的，因此其回复在信息含量以及流畅性上都更有优势。

不同于单轮对话检索，多轮对话检索需要回复与多个对话上文之间进行匹配。因此，如何识别上文中重要的信息，以及如何建模上文话语之间的关系，都是该任务的挑战。已有的多轮对话工作或者直接把上文中的多个话语拼接成一个句子，或者把上文转化为一个高度抽象的向量去和回复进行匹配，这样的方法会丧失回复和重要的上文之间的关系捕捉。Wu 等人[7]的工作致力于解决检索式情感对话机器人中多轮对话的回复选择问题，提出了序列匹配网络（Sequential Matching Network，SMN）。该方法在多个粒度将回复与上文中的每个话语进行匹配，通过卷积和池化操作将重要的匹配信息转化为向量，然后通过 RNN 以时序的方式进行累积建模，最终的 RNN 隐含层状态用于计算匹配分数。

SMN 的模型架构如图 5-5 所示（图中各符号含义可参阅文献［7］），主要由 3 层组成。第一层是话语-回复匹配，即将候选回复和上文中的每一个话语进行匹配，通过卷积和池化操作在词级别以及句子级别提取特征，对重要的信息进行编码，转化为向量，并送入第二层（匹配累积）。第二层通过 GRU 按照对话的时序进行建模，然后将 GRU 的隐含层状态送入第三层（匹配预测），以计算出最终的匹配得分。

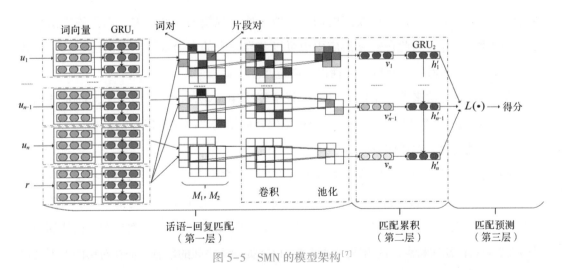

图 5-5　SMN 的模型架构[7]

SMN 除了在 Ubuntu Corpus 数据集上进行了实验外，还创建了一个开放域的中文检索式对话数据集 Douban Conversation Corpus 并进行了实验。实验结果验证了 SMN 优异的检索性能。SMN 的工作开创了检索式对话回复的通用框架 Representation-matching-aggregation，即先将回复与上文话语进行表示，然后将回复与每个话语都进行匹配，最后进行聚合，计算得到最终的匹配分数。后续的很多研究工作都借鉴了 SMN 的框架，并在其基础上进行了创新。

近年来，检索式对话回复生成的工作得到了一定的发展。从最早的 Ubuntu Corpus 数据集，到后来的 Douban Conversation Corpus、E-commerce 数据集，数据集的增加使得研究工作也逐渐丰富起来。相关的工作在模型架构上都比较整齐，大都采用了 Representation-matching-aggregation 框架，工作的创新点都是在细节之处，如引入交叉注意力机制使回复与上文话语之间互相关注、让回复和上文话语之间进行深层次的交互、使用选择机制对上文话语进行过滤等。检索式对话回复生成的评价指标也相对统一和完善，一般采用 Rn@k、P@1、MAP、MRR 等检索指标。检索式对话回复生成方向有新工作发表，一般也意味着该方向的技术又有了新的性能提升。检索式对话回复的相关工作在近几年也一直受到一定的关注，每年的国际顶级会议上都会有几篇相关工作被发表，尤其是预训练模型出现之后，有一批基于预训练模型的检索式对话回复生成的工作出现，进一步提升了检索模型的性能。

2. 生成式方法

生成式的对话回复生成方法是采用生成模型从无到有地生成对话的回复。这种方法一般采用端到端的对话生成模型，即输入是对话的上文，输出是对话的回复，类似于机器翻译等生成任务。对话生成模型的训练一般需要大规模的对话语料。由于该方法不需要人工构建语料库，因此在实际的应用中可以节省一定的人力成本，同时由于其生成式的特点，回复一般具有一定的多样性以及创造性。

从具体实现方法来看，生成式对话回复主要采用 Seq2Seq 的模型框架，即对基础的 Seq2Seq 模型进行有针对性的改进，如改进编码器的结构、改进解码器的结构、引入注意力机制等，从而提升对话回复的质量。

Seq2Seq 的对话生成模型一般是在输入时将对话的多个上文话语直接进行拼接，这样会减弱对话上文信息的有效建模，从而使得生成的回复在内容上缺乏与对话上文的联系。在 Seq2Seq 模型的基础上，有一些工作探索了层次化的 Seq2Seq 模型。这类模型的设计利用了对话天然具备的层次特点，话语级别编码器可以捕捉词语之间的信息，而在对话的上下文语境中则可以捕捉对话历史中话语之间的信息，从而更好地建模对话的上文，为对话的回复提供保障。与基础的 Seq2Seq 模型相比，层次化的对话生成模型对上文的信息建模得更好，生成的回复在内容上也与上文的联系更加紧密，一定程度上提升了回复的质量。

层次化的 Seq2Seq 对话生成模型受到了广泛的关注，有一系列的相关工作出现。Serban 等人[8]将层次化的 Seq2Seq 模型应用于对话生成领域，提出了适用于对话生成任务的层次化循环编码器-解码器（Hierarchical Recurrent Encoder-Decoder，HRED）模型。该模型首先通过话语级别的编码器进行句子编码，以建模词语之间的序列信息，得到话语的向量表示；然后通过上下文语境编码器编码对话中话语的时序结构信息，从而使得对话历史信息能够沿着时间进行传递，得到对话语境的状态；最后，将该状态信息发送到解码器中进行解码，生成对话的回复。在后续的研究工作中，Serban 等人又在该模型的基础上进行了改进，如引入隐变量、在不同粒度上进行建模等，进一步提升了对话回复的质量。

除了 Seq2Seq 的对话生成模型之外，还有一部分工作将强化学习的框架应用到对话生成模型中。常见的神经网络对话生成模型在生成回复时忽略了该回复可能对未来产生的影响，而强化学习机制可以通过奖励反馈机制将这种影响考虑在内，从而使得生成的回复更加流畅连贯，更有利于后续的对话进行。Li 等人[9]就在对话生成模型中引入了强化学习机制来提升对话回复的质量。他们采用 Seq2Seq 模型作为基础的对话模型，然后让两个模型进行相互对话，根据对话的结果进行不断的奖励反馈，从而使对话模型学习如何更好地进行对话。他们采用了 3 个简单的利用启发式方法进行奖励的设计：话语之间应该具备一定的对话连贯性，同一个模型生成的话语应该产生一定的信息流动以避免语义重复，生成的话语应该容易给出回复。这些奖励设计可以让对话模型不断地迭代学习，最终生成高质量的回复。基于强化学习的对话生成系统通过反馈机制的引入，能够使对话模型做出最优的回复行为，从而提升回复的连贯性、意义性，受到了广泛的关注。

由于检索式的对话回复生成方法受限于人工语料库的规模，生成式的对话回复生成方法成为学者们的关注重点，并且随着模型的不断发展，生成回复的质量也得到了不断的提升。但生成式方法还存在一些难以解决的问题，如回复的质量不可控、语法有问题、语句不通顺、会出现没有意义的"万能回复"等，在真正应用于现实人机对话场景前，还需要进一步的研究和发展，

3. 检索与生成相结合的方法

除了单一的检索式方法与生成式方法之外，还有一些方法将两者结合起来，从而同时利用二者的优点，以得到更好的回复。

Song 等人[10]首次提出了在开放领域对话中将检索与生成进行结合，其模型架构如图 5-6所示（图中各符号含义可参阅文献［10］）。输入对话的上文后，该模型首先会通

过检索式对话回复系统检索到候选回复，然后把对话的上文以及检索到的候选回复送给生成器，生成器会综合考虑上文的信息和回复的信息，生成新的回复；接着，模型将生成的回复与之前检索到的回复放在一起进行重排序，得到最终的回复。该模型的设计结合了检索器以及生成器的结果，使得回复的质量得到一定的提升。

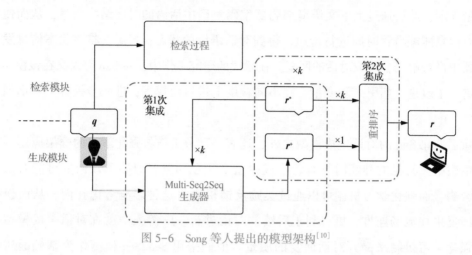

图 5-6　Song 等人提出的模型架构[10]

4. 小结

随着深度学习技术的不断发展，以及互联网平台上大规模对话数据的增加，开放领域的闲聊型人机对话系统的相关研究在逐渐取得进步。闲聊型人机对话系统的实现方法一般分为检索式、生成式以及检索与生成相结合的方式。检索式的对话回复生成方法重在话语与上文之间的匹配，语句质量高，但受限于语料库的规模，灵活性以及多样性不足。而生成式的对话回复生成方法能够创造性地生成回复，成本低、有更强的创新性，但是语句质量不高，且会存在"万能回复"等缺点。检索与生成相结合的方法则尝试利用二者的优点生成更好的回复，这方面的工作还处于较早期的研究阶段。

近年来预训练模型的不断发展，为人机对话系统注入了新的内容，大规模预训练的对话生成模型得到了极快的发展，如谷歌的 Meena、微软（Microsoft）的 MASS、ParlAI 的 Blender，百度的 PLATO 等。这些模型利用了大规模的无标注对话语料，通过 Encoder-Decoder、GPT、UniLM 等模型架构进行训练，训练出参数量达上亿级别的预训练对话模型，使得生成的对话回复语句更加流畅，多样性也得到很大的提升。

5.3.3　文本摘要算法

文本摘要是自然语言生成的一个经典任务，其目标是将文本或者文本集合转换为包含原文本关键信息的简短文本。该技术用于抽取长文本的关键信息，形成简短的描述，从而便于快速浏览重要信息、对长文本进行压缩记录等，这在当前信息爆炸的时代具有十分重要的意义。

文本摘要算法可以按照不同标准划分为不同的类别。根据输入类型的不同，文本摘要可以分为单文档摘要和多文档摘要。单文档摘要输入一个文档，输出一个摘要，即在单个文档内提取关键信息。而多文档摘要则是输入多个文档，输出一个摘要，是在多个文档间提取关键信息，一般输入的多个文档都会存在一定的联系，如主题相关或结构类似。根据输出类型的不同，文本摘要可以分为抽取式（Extractive）摘要和生成式（Abstractive）摘要。抽取式摘要是从原文中直接选取一部分信息组成摘要，如原文的关键句子或者关键词语。而生成式摘要则是从无到有地生成摘要，可能会用到原文中的一些词语，也会用到一些新的词语。根据数据类型的不同，文本摘要还可以分为无监督摘要和有监督摘要。无监督摘要是指原文本没有摘要的标准答案，而有监督摘要则有可以当作目标的标准答案，以有监督的方式训练模型。本小节主要介绍在单文档、有监督的设定下，当前已有的一些抽取式摘要和生成式摘要的生成算法。

1. 抽取式摘要算法

抽取式摘要算法是从原文中直接选取关键句子或者关键词语组成摘要。由于摘要的内容来源于原文，因此通过该算法得到的摘要在句子流畅性、语法结构、语句质量等方面都具备天然的优势。抽取式摘要算法需要在原文中找到关键的信息，因此其核心在于重要程度的计算，需要先判断出原文中信息的重要程度，再选择出最重要的信息作为摘要。

传统的抽取式摘要算法一般是无监督的方法，可以直接在大规模文本上运行，而不需要进行数据的标注。这类算法较为简单直接，常见的有 Lead-3、TextRank、聚类等算法。Lead-3 算法是直接选择文章的前 3 句作为该文章的摘要，其思想是文章一般在开始的时候就表达重要的信息。该算法简单直接，也有一些变种，比如选取文章每段话的第一句等。与网页排名算法 PageRank 利用网页之间的链接关系计算网页的重要性相似，TextRank 算法是利用句子中词语的相邻关系计算词语的重要性，进而计算出句子的重要程度，最终选择出最重要的句子。聚类算法是先将文章中的句子进行聚类，再从每个类别中选取一个核心句子，进而组成文章的摘要。

随着深度学习技术的发展，目前基于神经网络的抽取式摘要算法较为流行。这类算法一般将摘要问题转化为序列标注或者句子排序的问题。序列标注方式是对原文中的每一个句子都分配一个 0 或 1 的标签，并由标签为 1 的句子组成最终的摘要。Nallapati 等人[11]用该算法进行了文本摘要，其通过 GRU 建模词级别和句子级别的表示，进而对句子表示进行二分类。句子排序方式是为原文中的每一个句子计算一个重要性得分，然后根据得分将句子进行排序，从中选择出得分高的句子组成摘要。序列标注与句子排序两种方式都是侧重于进行句子表示，将句子很好地建模，进而进行分类或者排序。二者不同的是，序列标注是输出句子的二分类标签，而句子排序是输出句子作为摘要的概率值。

2. 生成式摘要算法

抽取式摘要算法直接从原文中抽取关键句子，因此得到的摘要在语句质量、句子语法上都具有一定的优势，但是抽取到的句子往往分布在文本的多个位置，直接将其相连构成摘要，得到的摘要在句子之间的连贯性上会存在一定的问题。另外，抽取式摘要算法的灵活性较差，受到重要性选择的结果影响较大。

与抽取式摘要算法不同，生成式摘要算法是从无到有的生成摘要。该算法可以在原文词语的基础上生成新的词语，这与人工生成摘要的过程类似，灵活性较高，句子之间的连贯性也会更好一些。近年来，Seq2Seq 的生成模型在自然语言生成任务中得到广泛应用，在文本摘要算法中也取得了一定的研究进展。将传统的 Seq2Seq 模型用于生成式摘要算法会存在一些问题，如容易生成不准确的事实细节、生成重复词语、未登录词难以处理等，因此在其基础上，又有了一些新的机制，用于提升摘要的质量。

See 等人[12]在基于注意力机制的 Seq2Seq 模型的基础上，增加了复制（Copy）机制和覆盖（Coverage）机制，提出了指针生成（Pointer-generator）模型，能够进一步提高生成摘要的质量。该模型使用 Pointer-generator 网络，通过指针（Pointing）从原文本中复制词语以帮助产生准确的信息，同时通过生成器（Generator）保持产生新词语的能力。另外，该模型采用 Coverage 机制记录已经被摘要的信息，从而避免生成重复。

在具体实现上，Copy 机制在解码的每一步以一定的概率选择从原文中复制一些词语或者从词表中选择生成新词语。由于该机制具备从原文复制词语的能力，因此那些原文中已有而词表中没有的关键词也可以生成，这能够在一定程度上缓解未登录词的问题，并且提高生成摘要的准确性。Coverage 机制在解码的每一步考虑之前步的注意力分布，使当前步的注意力的选择能够感知到之前的选择，从而避免重复关注相同的位置，生成相同的文本，这在一定程度上缓解了重复生成的问题。See 等人在新的有挑战性的长文本数据集 CNN/Daily Mail 上进行了实验，验证了该模型在减少不准确信息以及重复生成方面的有效性。

随着研究的不断深入，未来会有更多方法应用到生成式摘要算法中，如强化学习、生成对抗学习、多任务学习等。除了抽取式摘要算法和生成式摘要算法外，还有一些工作结合了二者的优点，提出了抽取生成式摘要算法，即先抽取关键信息，再进行摘要的生成，可使生成摘要的质量进一步提升。

3. 小结

近年来，随着自然语言处理技术的不断发展，文本摘要任务也在不断地取得进步。相关的模型方法在不断涌现，数据集也逐渐丰富起来，推动着文本摘要的质量一步步提升。文本摘要作为自然语言生成的一项传统任务，不仅有着生成式算法存在的一些问题，如重复、冗余、不连贯等，同时还面临着摘要自身的核心问题：如何找到原文的关键信息，并且将其连贯表达。当前的研究方法已经取得了一些进展，但还有待进一步的提升。当前预训练语言模型的迅速发展，也有望为文本摘要任务注入新的生机和活力。

5.4　对话情感回复生成技术

对话情感回复生成是在对话生成的基础上，使得生成的回复具备一定的情感色彩。我们在 5.1 节与 5.2 节进行了该任务的定义与分析，并在 5.3 节介绍了基础的文本生成、对话生成等算法，这些内容是本节介绍的对话情感回复生成算法的基础。本节会根据方法类别的不同，主要从生成式和检索式的情感回复生成算法两个角度进行介绍。

5.4.1　生成式情感回复生成算法

生成式情感回复生成算法是在对话生成算法的基础上，添加一些情感相关的因素，从而让生成的回复具备一定的情感色彩。对话生成算法一般采用编码器-解码器模型，添加的情感相关的因素一般有情感向量、情感词典等。

给定对话上文的情况下，该算法需要生成有一定情感的回复，那么生成的回复应该是哪种情感类别呢？一部分工作通过显式的方法，直接人工指定要生成回复的情感；另一部分工作则通过隐式的方法，在生成的过程中加入一些情感机制，进行情感建模，从而认为生成的回复就是情感上合适的回复。因此生成式情感回复生成算法可以按照是否需要指定回复的情感分为两大类：指定情感的对话生成模型以及未指定情感的对话生成模型。

1. 指定情感的对话生成模型

给定对话的上文，并且指定一个情感类别，这类模型就可以生成该情感类别的回复。这类工作往往是训练一个回复生成模型，然后对同一个上文，任意指定回复的情感，让模型生成符合该情感的回复。

图5-7展示了这类模型生成结果的一个示例，其中的情感聊天机器（Emotional Chatting Machine，ECM）[13]是最早在对话生成中考虑情感的模型，Seq2Seq是没有考虑情感的普通对话生成模型。从例子可以看出，ECM可以根据指定情感的不同生成不同的回复，如开心、悲伤、愤怒等。而与普通的回复相比，有情感的回复更加人性化，使得对话机器人具备一定的人情味。

上文	模型		回复（原始）	回复（译文）
承诺，就是一个骗子说给一个傻子听的。 A promise is what a cheater says to a fool.	Seq2Seq		承诺，就是一个骗子说给一个傻子听的。	A promise is what a cheater says to a fool.
	ECM	Like	承诺是一个专一的傻子。	Promise is a single-minded fool.
		Happy	我就是一个开心的傻子。	I'm just a happy fool.
		Sad	我就是一个悲伤的傻子。	I am a sad fool.
		Disgust	一个骗子说给一个傻子听。	A cheater says to a fool.
		Angry	不管你信不信，反正我信了！	Whatever you believe or not, I trust in it!

图 5-7　指定情感的对话生成模型的对话回复示例[13]

在大规模对话生成中加入情感会存在一些挑战：第一，很难获得大规模、高质量的有情感标注的对话数据，情感标注相对主观，标注大规模数据的人工成本太高。第二，很难自然地在对话回复中考虑情感的问题，因为需要平衡生成回复的语法以及情感表达。第三，简单地在已有的神经网络对话生成模型中嵌入情感信息，难以生成期望的情感化回复。

为了应对上述挑战，在大规模对话生成中加入情感因素，Zhou等人[13]提出了ECM，这也是第一个在对话生成中考虑情感因素的模型。为了获得大规模有情感标注的对话数据集，他们在人工标注的数据上训练了一个情感分类器，并利用该分类器自动标注了一个大规模的数据集，用于生成模型的训练。

ECM的模型架构如图5-8所示（图中各符号含义可参阅文献［13］）。ECM训练所用的数据是通过情感分类器自动标注而来的；模型训练完成后，可以输入一个对话上文，输出所有类别的情感化回复。在模型实现上，ECM基于编码器-解码器框架，并在其基础上添加了3个机制：情感类别嵌入（图5-8中具体表示为"情感向量"）、内部记忆和外部记忆。情感类别嵌入是指将情感类别转化为向量形式作为输入。情感类别可以提供情感表达的高层抽象，因此在回复生成的过程中建模情感的直观方法就是把要生成的情感类别当作输入。每个情感类别可以采用低维、实值的向量表示，将该情感向量与词向量、上下文向量拼接，一起用于更新解码器的状态。情感类别嵌入是相当静态的方法，情感向量在生成过程中不会改变，这可能会牺牲生成句子的语法正确性。因此Zhou等人增加了内部记忆模块，用于捕捉解码过程中的情感动态变化。解码过程开始时，每个情感类别都有一个内部情感状态，每一步解码时该状态都会衰减，解码过程完成时，状态衰减为0，代表着该情感得到了完全的表达。内部记忆模块中，内部情感状态的改变与解码时选择的词语之间的联系是隐式的，不易直接观察到，而句子中的情感表达通常会采用一些明显的情感词，因此 Zhou 等人增加了一个外部记忆模块去显式地建模情感表达。该模块通过引入一个外部情感词典，在解码时利用选择器以一定的概率选择输出情感词典中的词还是通用词典中的词，从而显式地控制了生成句子的情感强度，使其能够通过情感词的引入较为强烈地表达情感。

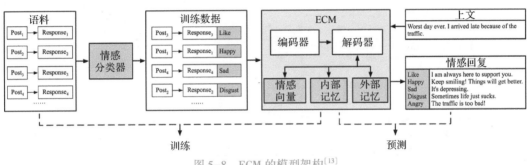

图 5-8　ECM 的模型架构[13]

Zhou 等人自己训练了一个 Bi-LSTM 情感分类器，分类准确率能达到 62.3%。他们首先用该分类器自动标注了一个百万级别的单轮对话数据集 ESTC，然后在自己构建的语料上进行了训练和测试，最终评估采用了自动评价以及人工评价的方法。自动评价指标有两个：困惑度和回复的情感准确率。困惑度在内容层面对回复进行评价，用于评价内容的相关性以及语法合理性。回复的情感准确率是在情感层面对回复进行评价，其原理是利用情感分类器对回复进行情感分类，判断模型实际输出的回复是否与指定的情感相同，从而计算情感准确率。由于模型实际的回复质量难以用自动指标进行评价，因此人工评价在此类工作中必不可少。ECM 中的人工评价是从内容和情感两个方面进行的：内容方面主要是判断该回复对于上文来说是否合适、自然，是否像是人说的；情感方面主要是判断该回复是否表达了指定的情感。实验结果表明，ECM 能够生成内容和情感上都合适的回复。

Song 等人[14]通过观察真实场景的对话数据，发现语言在表达情感时至少有两种方式：可以是使用强烈的情感词进行显式、直接的表达，如"happy" "love" "annoying"等词语；也可以是没有情感词的隐式、含蓄的表达，如"I am keen on rose"虽没有用到明显的情感词，但也含蓄地表达出了情感。基于此，他们提出了情感对话系统（Emotional Dialogue System，EmoDS），对于给定的上文，既能生成有意义的、结构连贯的回复，又能通过显式或隐式的手法表达期望的情感。

EmoDS 的模型框架如图 5-9 所示（图中各符号的含义可参阅文献［14］），其在编码器–解码器中加入了两个模块：基于词典的注意力机制寻找期望的情感词进行显式表达，情感分类器通过增加情感表达的强度以一种隐式的方式为情感对话回复生成提供全局指导。他们还提出了一种半监督的方法去构建一个相对准确的情感词典。最终评估有自动评价以及人工评价，自动评价有嵌入得分、BLEU、Distinct 和情感客观指标，人工评价是在内容与情感两方面进行评价。实验结果表明，EmoDS 能以显式或隐式的手法表达期望的情感，并且能生成结构连贯的、有意义的回复。

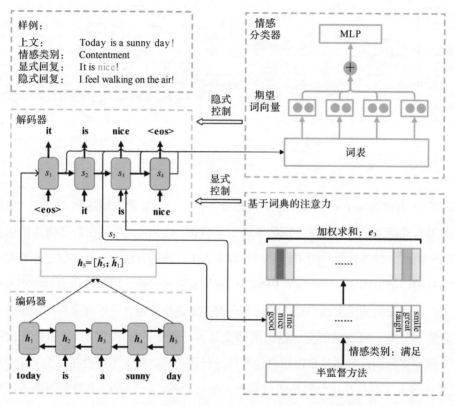

图 5-9　EmoDS 的模型框架[14]

当前大多数端到端的对话生成系统都关注回复的质量，而缺乏对回复情感的显式控制。Colombo 等人[15] 提出了一个情感驱动的对话系统（Emotional Conversational System，EMOTICONS），它以可控的方式使用连续的情感表示去生成情感化的回复。该系统在词级别和序列级别建模情感，在编码器-解码器架构的基础上，利用 3 个模块（情感向量表示、情感正则化模块、情感采样方法）使神经网络生成情感相关的多样化词语。在推理阶段，该系统使用重排序机制去获得情感最相关的回复；在性能评估方面采用了 BLEU、回复多样性和情感合适性等指标进行定量评价。

EMOTICONS 的模型框架如图 5-10 所示，其中各符号的含义可参阅文献［15］。该模型主要由 3 部分组成：情感标注、情感化训练和情感化推理。情感标注是指采用情感分类器自动标注句子表达的情感，构建有情感标签的训练语料，从而在训练时得到目标情感的向量表示。情感化训练是指训练两个 Seq2Seq 网络：一个是使用上文-回复对进行训练的编码器-解码器网络，另一个是用逆序的回复-上文对进行训练的逆序 Seq2Seq 模型。逆序 Seq2Seq 模型用于推理时进行情感化重排序。情感化推理是指生成很多候选回复，并根据情感的内容进行重排序，选出最好的回复。

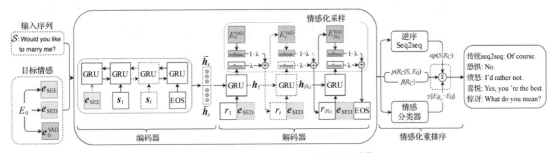

图 5-10　EMOTICONS 的模型框架[15]

对话情感生成任务存在一些挑战，如当前的对话回复模型的整体效果还不能令人满意，缺乏大规模有情感标注的对话数据；生成的情感回复在评价上较为困难，因为情感具有一定的主观性等。

为了使模型能够生成有情感的回复，Huang 等人[16] 提出了如图 5-11 所示的模型（图中各符号的含义可参阅文献［16］）。在编码器-解码器架构的基础上，他们提出了 3 种融入情感的方式：前两种是在训练阶段，把期望生成的情感拼接在输入句子的句首或者句尾；第三种是在解码阶段直接把情感注入其中，以使对话生成模型能够表达情感。

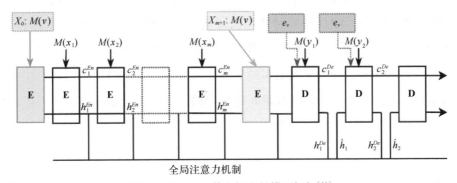

图 5-11　Huang 等人提出的模型框架[16]

2. 未指定情感的对话生成模型

只需给定一个对话上文，这类模型就可以生成一个合适的情感化回复。这类工作不需要人为指定要生成回复的情感，而是认为上文已经内在地确定了回复的情感，只是需要通过一些方法让模型捕捉到对话上文中的情感信息，同时让模型具备一定的能力自动判断出应该生成哪种类别的情感回复，并且生成最终的情感化回复。与显式地指定情感的对话生成模型相比，这类模型隐式地捕捉对话数据内部的情感信息，并生成有情感的回复。

Asghar 等人[17]提出了基于 LSTM 的编码器-解码器情感对话生成模型，其框架如图 5-12所示。为了使生成的回复具备情感因素，他们加入了 3 种机制：通过情感词典中词的情感信息改造词向量；使用带情感目标的损失函数；在解码时使用情感多样性的搜索算法。该模型并没有显式的情感信息建模，因此也不需要有情感标注的对话语料。评价方法是人工在句法规范性、自然度、情感符合程度上做评价。

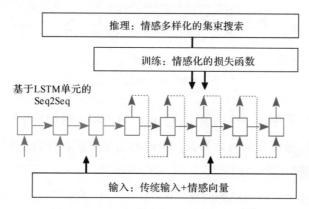

图 5-12　Asghar 等人提出的模型框架[17]

Zhong 等人[18]提出了端到端的丰富情感的开放域对话模型（Affect-rich Seq2Seq，AR-S2S），其框架如图 5-13 所示（图中各符号含义可参阅文献 [18]）。该模型基于Seq2Seq 架构，通过引入 VAD 情感词典建模词向量、情感化注意力机制以及目标函数，使得生成的回复更加情感化。这种新颖的情感化注意力机制考虑了否定词和增强词的影响，从而使得情感丰富的词语受到更多的关注。除此之外，该模型在对话建模中引入加权的交叉熵损失函数，能够在回复时很好地权衡语言流畅性和情感质量。通过困惑度和人工评价，实验证明了该模型的有效性。

3. 小结

指定情感的对话生成模型是目前对话情感回复生成的主流工作，即给定一个对话上文，并指定一个情感类别，让模型生成该类别的情感回复。这些工作具有相似的模型架构，利用传统的编码器-解码器模型进行对话的回复生成，为了使生成的回复具备一定的情感色彩，需增加一些情感相关的机制，比如情感向量、情感记忆、情感词典、基于情感的重排序、情感相关的损失等，使模型能够捕捉到情感信息，生成期望类别的情感回复。

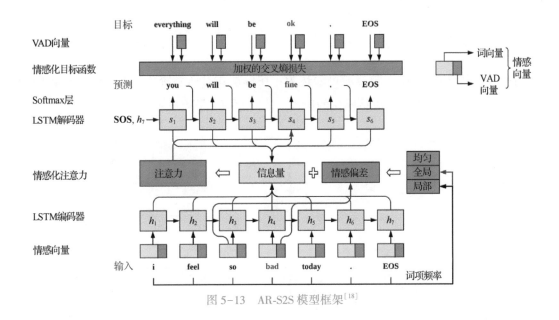

图 5-13　AR-S2S 模型框架[18]

图 5-14 展示了指定情感的对话生成模型的通用框架：输入对话的上文，编码器进行编码，解码器进行解码，在此基础上设计一些具体的机制并融入情感信息，使模型能够生成有情感的回复。

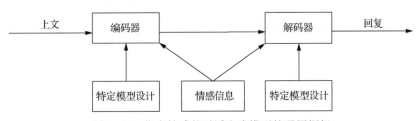

图 5-14　指定情感的对话生成模型的通用框架

指定情感的对话生成任务的目标非常明确，模型架构也大同小异，受到了较多的关注，并且取得了一定的研究进展，但是这类工作需要人为指定生成回复的情感，这在现实场景中的应用是极为困难的。真实的情感对话机器人对话场景中，机器人需要自己判断该输出包含什么情感的回复。未指定情感的对话生成模型一定程度上解决了这个问题，但其隐式的建模方法导致了模型的可解释性较差。虽然这类模型最终输出了情感化的回复，但对生成这种情感的原理缺少合理的解释。

因此可以考虑在生成对话回复之前，加入一个对话情感管理的模块。该模块可以引入话题、用户等信息，更好地建模与理解上文，从而判断出应该输出什么情感，以指导对话回复生成模型生成一个情感化的回复。这部分工作目前还少有人研究，或许会是未来的一个研究重点。

5.4.2　检索式情感回复生成算法

检索式情感回复生成问题一般可表达为：在检索式对话系统中，基于候选集合中的回复，为给定的对话上文生成情感化的回复。该问题的一个简单示例如图 5-15 所示。

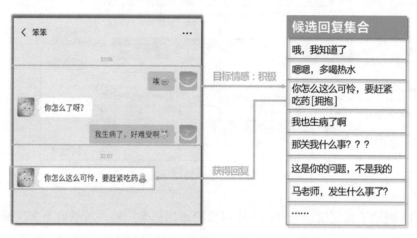

图 5-15　检索式情感回复生成问题示例

从上面的例子不难看出，检索式情感对话机器人与生成式情感对话机器人十分不同，它不能自由地生成全新的情感回复，而是受限于候选回复集合，这是此问题十分显著的特点，也是限制检索式情感对话机器人情感表达质量的关键所在。下面介绍相关工作在此问题上所做的尝试。

1. 相关工作介绍

与生成式情感回复生成问题不同，对检索式情感回复生成问题的相关研究仍处于相对早期的阶段。有学者提出了一种重排序方法解决检索式情感对话机器人中的积极情感激发问题，主要是将候选回复根据情感激发目标重新调整顺序。此方法也可在检索式情感对话机器人中用于获得情感化回复。还有学者提出了一种情感感知匹配网络解决检索式情感对话机器人中的回复选择问题，主要结合了对话中的情感因素，并附带实现了情感化回复的获得。

从利用候选回复集合的角度来看，上述两个工作都属于广义重排序的范畴，其主要特点是根据情感目标去调整候选回复的顺序或检索匹配的分值，最终都是在候选回复集合中挑选合适的回复。然而，这种方法通常优先选择情感质量高的回复而不得不抛弃内容质量高的回复，严重影响了回复的效果。Lu 等人[19] 主要研究了这个问题，提出了一种简单有效的"检索-判别-重写"框架，下面具体介绍他们的研究成果。

2. 代表性工作介绍

与生成式情感对话机器人不同，检索式情感对话机器人必须基于候选回复集合来获得回复。因此，在检索式情感回复生成问题中，如何有效地利用候选回复是一个十分重要的问题。现有方法普遍基于"检索–重排序"框架。这类方法都是先进行正常的检索，即对候选回复进行打分排序，然后再根据是否符合情感目标来重新调整候选回复的顺序，期望通过这样的方式获得情感和内容上都高质量的回复。

然而，"检索–重排序"框架是有明显缺陷的。基于该框架的方法会以牺牲回复质量为代价去满足给定的情感目标。这意味着高质量但不满足情感目标的候选回复将会被直接丢弃，严重影响回复效果，也直接降低了检索式情感对话机器人的核心优势。例如，在图 5–16 中的"检索–重排序"框架中，当不考虑情感目标时，高质量的候选回复 2 应该是最佳选择，但由于需要优先考虑情感目标，只能选择质量一般的候选回复 3。

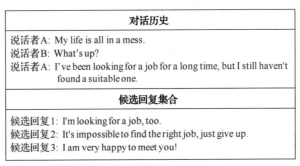

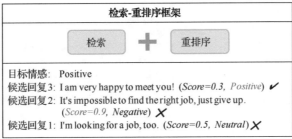

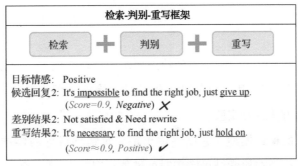

图 5–16　对比两个框架之间差异的具体示例

为了同时保证回复的内容质量和情感质量，下面介绍一种简单有效的"检索-判别-重写"框架，用新的"判别-重写"机制取代了重排序机制。这种新机制会优先选择高质量的候选回复，然后重写那些已被选择但不满足情感目标的回复，解决了基于"检索-重排序"框架的情感回复生成方法的低质量回复问题，并在大多数评价指标上都明显优于现有方法。例如，在图5-16 的"检索-判别-重写"框架中，该框架会优先选择高质量的候选回复 2，并判断出候选回复 2 的情感不满足既定情感目标，最后通过少量的修改就可以使候选回复 2 的情感满足既定目标。这表明该新框架不仅可以保证回复质量，还可以满足给定的情感目标。

（1）算法模型

"检索-判别-重写"框架共包含 3 个部分：第一部分是检索模块，主要用于兼容现有检索式情感对话机器人，可为后续模块提供高质量的候选回复；第二部分是判别模块，主要从检索模块接收检索到的高质量回复，并判断回复是否满足情感目标，若满足情感目标则直接输出，若不满足情感目标则将回复送到下一个模块；第三部分是重写模块，主要接收来自判别模块的不满足情感目标的回复，并将该回复修改至满足情感目标。该框架的模型架构如图 5-17 所示，下面具体介绍这 3 个模块。

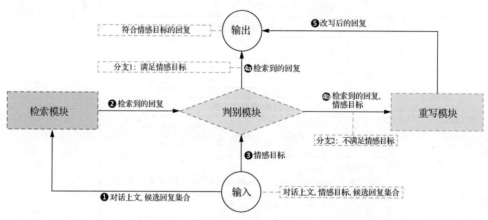

图 5-17　"检索-判别-重写"框架的模型架构

模块一：检索模块

"检索-判别-重写"框架中的检索模块主要用于与现有检索式情感对话机器人方法兼容。为了验证这个框架是通用的，我们选择了以下检索模型来获得高质量的候选回复，并分别基于这些检索方法进行实验。

GTM：这是理想的检索模型，它始终输出最满足情感目标的候选回复。我们使用这个理想模型来研究新框架在检索结果完美时的性能情况。

SMN[7]：这是一个经典的检索模型，它提出了一个序列匹配网络，在多个粒度级别上将回复与每个话语进行匹配，并通过 RNN 处理获得匹配向量，最终获得匹配分数。

MSN[20]：这是一个较新的检索模型，它提出了一个多跳选择器网络来缓解引入无关上下文的负面作用，这是近期较好的模型之一。

模块二：判别模块

"检索–判别–重写"框架中的判别模块首先会从检索模块接收检索到的高质量回复，并判断回复是否满足情感目标，然后直接输出满足情感目标的回复，或将不满足情感目标的回复送入重写模块。

值得注意的是，判别模块处理的是一个分类任务，因此我们可以利用许多现有的分类器。这里，我们选择预训练 BERT 模型作为分类器，它在各种自然语言处理任务中都取得了最优的性能。

对于预训练 BERT 模型，给定一个回复 $R = \{w_1, w_2, w_3, \cdots, w_n\}$，输入可以被表示为"〔CLS〕$w_1 w_2 w_3 \cdots w_n$〔SEP〕"。遵循最通用的做法，我们使用〔CLS〕标记的隐含层表示作为回复的表示，然后将其送入 Softmax 层进行分类。

模块三：重写模块

"检索–判别–重写"框架中的重写模块主要用于接收来自判别模块的不满足情感目标的回复，并将该回复修改至满足情感目标。

重写模块中，我们将回复的情感重写视为一个两阶段的过程：删除和生成。在删除阶段，我们使用预训练的情感分类模型来删除回复中的情感表达；在生成阶段，我们设计了两个基于 Transformer 模型的生成器来生成满足情感目标的回复。下面分别介绍这两个阶段。

删除阶段的目标是识别并删除情感回复中的情感表达。对于中性回复，在这个阶段我们什么都不做。我们的主要做法是利用预训练的情感分类模型来自动识别词级别的情感表达。对于情感分类模型而言，句子中的情感表达通常是识别句子情感类别的关键。因此，一个直观的想法就是衡量句子中不同词对句子情感分类的重要程度，最重要的词就很有可能是关键的情感表达。

具体来说，我们设计了一个词排名机制来识别回复中的词级别情感表达。首先，我们计算回复 R 中每个词 w_i 的重要性得分 I_{w_i}，方法是比较删除回复中的词 w_i 前后的目标情感预测得分，即 $S_e(R_{[w_i]})$ 和 $S_e(R_{[/]})$。每个词 w_i 的重要性得分 I_{w_i} 可以形式化地定义为

$$I_{w_i} = S_e(R_{[w_i]}) - S_e(R_{[/]})$$

然后，我们计算每个词的重要性分数，并选择得分排名前 25% 的词作为情感表达。最后，我们删除这些情感表达并将修改后的回复送入下一阶段。

生成阶段的目标是生成具有特定情感的回复。我们注意到，这个阶段的输入有两种

回复：一种是已删除情感表达的回复，另一种是未经过处理的中性回复。虽然两者都是情感中性，但是在句子分布上存在明显差异，而且只有前者可以参与生成训练，这会导致中性回复改写为情感回复的性能不佳。为了解决这个问题，我们提出了两个生成器：中性表达生成器和情感表达生成器。

中性表达生成器主要用于补全已删除情感表达的回复，使其变为补全的中性回复，从而为情感表达生成器提供额外的训练数据，缓解分布不一致的问题。该生成器的结构与 GPT 模型的结构保持一致。情感表达生成器主要用于根据已删除情感表达的回复或中性回复生成具有目标情感的回复。训练时用到的中性回复由中性表达生成器提供。该生成器的结构与 GPT 模型结构保持一致。

为了训练这两个生成器，首先需要一个情感语料库，其中包含积极、消极、中性 3 类句子。训练过程主要包括两个阶段，如图 5-18 所示。在训练阶段 1，我们使用中性句子

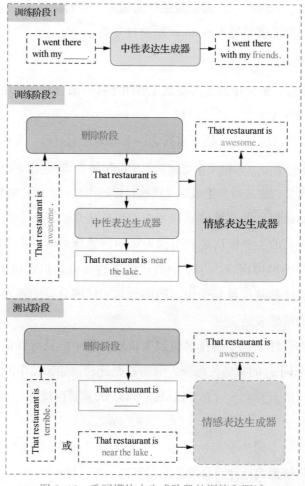

图 5-18　重写模块中生成阶段的训练和测试

来训练中性表达生成器，其输入是随机删除了 25% 词的句子，输出是原始中性句。在训练阶段 2，我们使用情感句子来训练情感表达生成器，输入是经处理变成已删除情感表达的句子或补全的中性句子，输出是原始情感句。在测试阶段，输入是一个情感句子或中性句子，输出是一个符合目标情感的句子。

（2）实验验证

我们将新框架与 Base 模型、Reranking 模型这两个基线模型进行比较，并将基于不同检索模型的结果分为不同的组，实验结果见表 5-1。从回复的内容看，Base 模型是只考虑内容不考虑情感的基线模型，因此其内容相关性得分是 3 种方法中最高的。新框架仅次于 Base 模型，且明显优于优先考虑情感的重排序基线模型 Reranking，初步说明了新框架在回复内容上的优势。从回复的流畅度看，新框架由于对回复进行了修改，因此得分会比 Base 模型和 Reranking 模型略低一些，但也很接近满分。从情感准确率来看，新框架是 3 个模型中最好的，这也显示了新框架在情感方面的优势。

表 5-1　检索式情感回复生成算法实验结果

组别	模型	积极			消极			总体		
		内容相关性得分	流畅度得分	情感准确率	内容相关性	流畅度得分	情感准确率	内容相关性	流畅度得分	情感准确率
GTM	Base	5.000	5.000	0.437	5.000	5.000	0.207	5.000	5.000	0.322
	Reranking	3.607	4.730	0.707	3.070	4.663	0.567	3.338	4.697	0.637
	新框架	4.467	4.697	0.803	3.993	4.297	0.723	4.230	4.497	0.763
SMN	Base	3.787	4.670	0.347	3.743	4.670	0.267	3.765	4.670	0.307
	Reranking	3.430	4.687	0.687	2.973	4.597	0.563	3.202	4.642	0.625
	新框架	3.627	4.457	0.737	3.450	4.227	0.610	3.538	4.342	0.673
MSN	Base	4.047	4.727	0.337	4.017	4.707	0.257	4.032	4.717	0.297
	Reranking	3.460	4.687	0.687	2.943	4.580	0.567	3.202	4.633	0.627
	新框架	3.830	4.470	0.767	3.623	4.237	0.650	3.727	4.353	0.708

从实验结果可以看出，新框架与基线模型相比，能够更好地获得情感回复，尤其是在保证了情感准确率的基础上，还有效避免了重排序机制的低质量回复问题。

接下来，我们首先通过分析情感候选回复数量的影响，进一步解释"检索-重排序"框架的问题，以及"检索-判别-重写"框架的优势。具体来说，我们通过丢弃情感候选回复来改变其在全部候选中的比例，以此来模拟具有不同量级情感信息的检索式情感对话机器人。我们绘制了各模型的性能曲线，如图 5-19 所示。

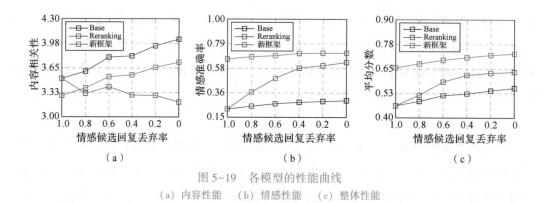

图 5-19　各模型的性能曲线
(a) 内容性能　(b) 情感性能　(c) 整体性能

　　正常情况下，随着对话系统中情感候选回复的增加（丢弃率的降低），回复的内容性能应该逐渐升高，就像 Base 模型和新框架一样。然而，Reranking 模型的回复的内容性能却逐渐下降，这证实了前文提到的"检索-重排序"框架的低质量回复问题。从情感性能来看，新框架始终可以保持高水平。在整体性能方面，新框架也始终是最优的。

　　然后，我们分析判别模块对新框架最终性能的影响。具体来说，我们将判别模块的分类器从 BERT 改为 CNN 和 Bi-LSTM，然后探索判别模块的性能与最终性能之间的关系。如表 5-2 所示，采用 BERT 分类器的判别模块获得了最优的最终性能，这说明新框架中良好判别模块的重要性。

表 5-2　判别模块影响分析

模型	F1 分数	内容相关性得分	流畅度得分	情感准确率
Ours-Discrim-CNN	0.601	4.197	4.490	0.733
Ours-Discrim-Bi-LSTM	0.636	4.193	4.478	0.718
Ours-Discrim-BERT	0.791	4.230	4.497	0.763

　　最后，我们分析新框架中的重写模块。具体来说，我们复现了 DeleteRetri[21] 风格迁移模型，并与新框架中的重写模块进行比较。选择 DeletRetri 模型是因为它也包含了删除和生成的过程，但是没有针对中性回复进行特殊设计。为了验证处理中性回复的能力，我们评估了这两个模型在输入分别仅为情感回复（情感准确率-A）和仅为中性回复（情感准确率-N）时的情感准确率，结果见表 5-3。

表 5-3　重写模块影响分析

目标	模型	内容相关性得分	流畅度得分	情感准确率	情感准确率-A	情感准确率-N
积极	DeleteRetri	4.467	4.553	0.707	0.783	0.635
	新框架	4.467	4.697	0.803	0.809	0.799

目标	模型	内容相关性得分	流畅度得分	情感准确率	情感准确率-A	情感准确率-N
消极	DeleteRetri	4.147	4.433	0.507	0.525	0.491
	新框架	3.993	4.297	0.723	0.716	0.730
总体	DeleteRetri	4.307	4.493	0.607	0.656	0.563
	新框架	4.230	4.497	0.763	0.762	0.764

从表中可以看出，这两个模型的内容相关性和流畅度得分都差不多，但是新框架的重写模块的情感准确率明显更高。DeleteRetri 模型存在中性输入性能明显低于情感输入的问题，而新框架的重写模块则没有这样的问题，这表明相关改进的有效性。

（3）结论

本小节提出了一种"检索-判别-重写"框架，可在检索式情感对话机器人中生成情感回复，解决了"检索-重排序"框架中回复质量低的问题。该新框架包含 3 个部分：检索模块、判别模块和重写模块，可以优先选择高质量的候选回复并重写不满足情感目标的回复。实验结果表明，新框架明显优于有竞争力的基线模型，更深入的分析则进一步证明了新框架的有效性。

5.5　本章小结

传统的聊天机器人回复生成技术主要是基于检索和匹配模型的，即后台存在一个大规模的问答对集合，依靠检索技术检索出与问题相关的问答对，从中挑选答案作为回复。基于检索的回复生成技术的优点在于回复内容较为连贯完整，而缺点则是回复缺乏个性、不够丰富多样。生成式情感回复生成技术的优势在于可以根据不同的对话环境，个性化地生成不同的回复，有效解决了基于检索技术的方法的缺点。近年来，深度学习技术的兴起以及问答对资源的丰富，为生成式情感回复生成技术的发展提供了充足的条件。深度学习模型（尤其是编码器-解码器模型）被许多学者应用于回复生成任务。针对用户对聊天机器人回复内容个性化、多样化的需求，未来的研究可以侧重于情感及情感原因的向量化，进而将其融入编码器-解码器结构的回复生成模型。该技术可以较自然地将情感与原因两维因素进行融合，探索它们在回复生成任务中的影响机制，使聊天机器人的表达更具针对性，做到真正的善解人意。

1. 基于情感及其情感原因的回复生成

在情感对话过程中，用户希望聊天机器人能够给出既具有针对性和准确性，又有一定的情感灵动性的答复。然而，现有的回复生成技术均没有考虑情感及其产生的原因这两维因素，这使得目前的回复内容过于教案化，缺乏针对性和情感。

2. 基于用户信息的情感回复生成

用户是进行情感对话的主体，不同类型的用户喜好不同的回复风格。因此，在情感对话过程中，除却回复的针对性和灵动性，用户还希望得到个性化的回复。这也是目前的回复生成技术所欠缺的。

综上所述，目前的聊天机器人在生成回复时很少考虑情感、情感原因以及用户信息等因素，这导致生成的回复缺乏灵动性、针对性以及个性，用户体验较差。因此，如何将情感信息识别和情感原因发现这两个任务的结果与用户信息一同融入回复生成模型，形成新的情感回复生成模型，是亟待解决的关键科学问题。

参考文献

[1] Vaswani A, Shazeer N, Parmar N, et al. Attention is All You Need [C]// Proceedings of the 31st International Conference on Neural Information Processing Systems. New York：Curran Associates, 2017：6000-6010.

[2] Radford A, Narasimhan K, Salimans T, et al. Improving Language Understanding by Generative Pre-Training [Z/OL]. Preprint, 2018.

[3] Hochreiter S, Schmidhuber J. Long Short-term Memory [J]. Neural Computation, 1997, 9（8）：1735-1780.

[4] Cho K, Van Merriënboer B, Gulcehre C, et al. Learning Phrase Representations using RNN Encoder-Decoder for Statistical Machine Translation [C]// Proceedings of the 2014 Conference on Empirical Methods in Natural Language Processing（EMNLP）. [S.l.]：Association for Computational Linguistics, 2014：1724-1734.

[5] Radford A, Wu J, Child R, et al. Language Models are Unsupervised Multitask Learners [J]. Preprint, 2019.

[6] Brown T, Mann B, Ryder N, et al. Language Models are Few-Shot Learners [C]// Proceedings of the 34th Conference on Neural Information Processing Systems（NeurIPS 2020）. [S.l.]：NeurIPS, 2020：1877-1901.

[7] Wu Y, Wu W, Xing C, et al. Sequential Matching Network：A New Architecture for Multi-turn Response Selection in Retrieval-based Chatbots [C]// Proceedings of the 55th Annual Meeting of the Association for Computational Linguistics. [S.l.]：Association for Computational Linguistics, 2017：

496-505.

[8]　Serban I V, Sordoni A, Bengio Y, et al. Building End-to-end Dialogue Systems Using Generative Hier-archical Neural Network Models ［C］// Proceedings of the Thirtieth AAAI Conference on Artificial Intelli-gence. CA: AAAI Press, 2016: 3776-3783.

[9]　Li J, Monroe W, Ritter A, et al. Deep Reinforcement Learning for Dialogue Generation ［C］// Pro-ceedings of the 2016 Conference on Empirical Methods in Natural Language Processing. ［S. l.］: Associa-tion for Computational Linguistics, 2016: 1192-1202.

[10]　Song Y, Li C, Nie J, et al. An Ensemble of Retrieval-based and Generation-based Human-computer Conversation Systems ［C］// Proceedings of the Twenty-seventh International Joint Conference on Artificial Intelligence. Stockholm: International Joint Conferences on Artificial Intelligence Organization, 2018: 4382-4388.

[11]　Nallapati R, Zhai F, Zhou B. SummaRuNNer: A Recurrent Neural Network based Sequence Model for Extractive Summarization of Documents ［C］// Proceedings of the Thirty-first AAAI Conference on Artifi-cial Intelligence. New York: ACM, 2016: 3075-3081.

[12]　See A, Liu P J, Manning C D. Get to the Point: Summarization with Pointer-Generator Networks ［C］//Proceedings of the 55th Annual Meeting of the Association for Computational Linguistics. ［S. l.］: Association for Computational Linguistics, 2017: 1073-1083.

[13]　Zhou H, Huang M, Zhang T, et al. Emotional Chatting Machine: Emotional Conversation Generation with Internal and External Memory ［C］// Proceedings of the AAAI Conference on Artificial Intelligence. California: AAAI Press, 2018, 3 (1): 730-738.

[14]　Song Z, Zheng X, Liu L, et al. Generating Responses with a Specific Emotion in Dialog ［C］// Pro-ceedings of the 57th Annual Meeting of the Association for Computational Linguistics. ［S. l.］: Association for Computational Linguistics, 2019: 3685-3695.

[15]　Colombo P, Witon W, Modi A, et al. Affect-driven Dialog Generation ［C］// Proceedings of the 2019 Conference of the North American Chapter of the Association for Computational Linguistics: Human Lan-guage Technologies. ［S. l.］: Association for Computational Linguistics, 2019: 3734-3743.

[16]　Huang C, Zaïane O, Trabelsi A, et al. Automatic Dialogue Generation with Expressed Emotions ［C］// Proceedings of the 2018 Conference of the North American Chapter of the Association for Computational Linguistics: Human Language Technologies. ［S. l.］: Association for Computational Linguistics, 2018: 49-54.

[17]　Asghar N, Poupart P, Hoey J, et al. Affective Neural Response Generation ［C］// Proceedings of the 40th European Conference on IR Research. Berlin: Springer, 2018: 154-166.

[18]　Zhong P, Wang D, Miao C. An Affect-Rich Neural Conversational Model with Biased Attention and Weighted Cross-Entropy Loss ［C］// Proceedings of the AAAI Conference on Artificial Intelligence. Cali-

fornia：AAAI Press，2019，33（1）：7492-7500.

[19] Lu X, Tian Y, Zhao Y, et al. Retrieve, Discriminate and Rewrite：A Simple and Effective Framework for Obtaining Affective Response in Retrieval-Based Chatbots［C］// Findings of the Association for Computational Linguistics：EMNLP 2021.［S.l.］：Association for Computational Linguistics，2021：1956-1969.

[20] Yuan C, Zhou W, Li M, et al. Multi-hop Selector Network for Multi-turn Response Selection in Retrieval-based Chatbots［C］// Proceedings of the 2019 Conference on Empirical Methods in Natural Language Processing and the 9th International Joint Conference on Natural Language Processing(EMNLP-IJCNLP). ［S.l.］：Association for Computational Linguistics，2019：111-120.

[21] Li J, Jia R, He H, et al. Delete, Retrieve, Generate：A Simple Approach to Sentiment and Style Transfer［C］// Proceedings of the 2018 Conference of the North American Chapter of the Association for Computational Linguistics：Human Language Technologies.［S.l.］：Association for Computational Linguistics，2018：1865-1874.

第 6 章
多模态情感对话机器人

多模态情感对话机器人隶属于多模态情感计算的任务范畴。现有的与多模态情感对话相关的工作并不多，主要集中于多模态对话情感识别任务。基于此，多模态情感计算的相关研究将为多模态情感对话机器人领域提供最为直接的技术支持。

本章首先介绍多模态情感计算的研究背景和技术基础，然后介绍与多模态情感对话相关的几项技术，最后集中讨论多模态情感计算的未来模式及对多模态情感对话机器人的影响。

6.1　多模态情感计算的研究背景与意义

多模态语言计算是自然语言处理领域异军突起的新研究领域。该研究领域将数据处理对象从单模态的自然语言场景延展到了更真实的人类多模态语言场景。来自 CMU、MIT 等院校或机构的 12 位语言学和自然语言处理领域的科学家曾于 2020 年在 EMNLP（Empirical Methods in Natural Language Processing）会议上发表了题为"Experience Grounds Language"的论文[1]，该论文指出"只靠文本，是学不会语言的。多模态感知信息是人类在学习语言时必需的外部输入"。美国工程院院士、Google AI 掌门人杰夫·迪恩（Jeff Dean）在 2020 年也将多模态学习列为机器学习的几大趋势之一。国际计算语言学协会（the Association for Computational Linguistics，ACL）曾于 2018 年和 2020 年分别举行了第一届和第二届人类多模态语言讨论会（Grand Challenge and Workshop on Human Multimodal Language，Challenge-HML），引起了很多自然语言处理领域学者的关注，为自然语言处理领域注入了新的活力。此外，近年来用户在网络平台上的表达方式变得日益丰富，融合了语言、语音和图像的多模态语言数据逐渐在各大社交媒体网站中占据主流，如微博和商务评论类网站中的图文数据，以及小红书等分享网站中的文本、图像、视频数据等，这些都为研究多模态语言计算提供了丰富的数据资源和应用场景。

如本书第 1 章所述，情感计算是自然语言处理领域重要的研究任务。传统的情感计算大多是指面向语言模态的情感计算，旨在通过文本分析技术让机器像人类一样理解情感和表达情感。然而，人类在处理情感时，尤其是在对话场景下处理情感时，与现有的机器文本情感计算有两点不同：一是人类很多时候处于多种模态共存的场景下，具体表现为通过语言、图像、声音及手势等共同作用，无缝衔接地表达意图和情感；二是人类处理情感时具备从多个模态中敏锐捕捉细粒度情感信号并进行整合的能力，也可以从不同模态的切换中寻得蛛丝马迹并相互关联，进行情感推理。人类的日常对话场景是多模态的，对话的参与者可以看作多模态的感知器，这使得在此场景下，我们的语言模态不需要太复杂，有时一个眼神就可以代表千言万语。基于此，如果只进行语言模态的情感计算，就会影响情感计算的精准性和完整性，多模态情感计算应运而生。自然语言的表达内容可能较单薄或者模糊（如"还行"），但配合其他模态信息，如图像模态（如面部表情）或者声音模态（如语音语调特征），我们就可以准确地识别情感，甚至可以利用丰富的多模态场景挖掘出文本评论"还行"的评价对象，对文本信息进行补全。由此可以看出，在多模态的语境下对情感计算进行研究，才会更接近真实的人类情感处理。

多模态情感计算这一课题的提出不仅源于对互联网社交平台上多模态数据所表达情感进行理解和分析的需求，还源于对更自然、真实的人机交互的需求。随着人工智能技术的快速发展和应用，具备一定智能的机器人逐渐被开发并投入使用（如软银 Pepper 服务机器人）。与在线对话机器人类似，多模态智能服务机器人可在餐厅、机场、家庭等场所中服务人类，通过从真实环境中收集多模态数据（如语音、图像等）理解和感知人类情感，从而对人类情感做出适当的回应。多模态情感计算技术重在研究赋予机器类人情感处理能力的算法，将对真实场景下高质量的智能陪伴、智能客服、电子商务以及抑郁症检测[2]等应用提供技术支撑。多模态情感计算的研究意义包括以下 3 点。

1. 更全方位的口碑分析

情感计算较早期的实际应用场景就是电子商务领域的口碑分析。该研究方向不仅吸引了大量计算机领域的科学家沉浸其中研究算法，还吸引了一些管理领域的科学家研究其中的营销和管理策略。该方向的早期研究均围绕评论文本进行。随着社交网络上多模态数据的增多，困扰学者们的一些难题可以得到一定程度的缓解，实现更全方位的口碑分析。例如：在计算机领域，其中一个难题是反讽识别问题，如果有了多模态信息的加持，如给评论"真是太惊喜了"配一张愁眉苦脸的图片，那么这个问题便可迎刃而解了。

在管理学领域，多模态的数据由于注入了更多维度的模态因素，会对用户的决策产生影响，进而影响营销和管理策略的制定。

2. 更自然的人机交互

多模态情感计算可以应用到人机交互中，实时理解和分析人们在交流中的情感传递，以实现更自然的人机交互，这也是本章"多模态情感对话机器人"的研究意义。人机交互的具体应用主要有两大类。

（1）客服对话。客服对话的多模态数据是音频数据和由 ASR（Automatic Speech Recognition）语音识别技术转换而来的文本数据，主要任务是客户满意度分析和客户异常情绪检测。客户满意度分析是指通过多模态情感计算技术分析客服和客户的对话内容，来判断客户对客服的服务满意程度；客户异常情绪检测是指通过对客户对话数据的分析，实时监测客户的情绪，当客户情绪出现异常变化时，引导客服及时介入。

（2）情感陪伴。情感陪伴是陪伴类机器人的应用价值的重中之重。现在的陪伴类的机器人大多还没有应用多模态情感计算技术，或者换句话说，多模态情感计算技术还没有成熟到可以直接用于陪伴类的人机交互机器人中。然而，陪伴类机器人是最类人的人机交互产物，理想的陪伴类机器人应具备人的多模态处理能力，这不仅仅体现在具有识别多模态情感特征的能力，还应该具备生成多模态情感特征的能力，如语言表达情感、声音有情感起伏、面部有表情等。

3. 人类情感状态监测

随着社会的快速发展，越来越多的人长期处于紧张的精神状态中，容易导致情感状态不佳的问题，如抑郁、焦躁等。据世界卫生组织统计，全球每 10 个人中就有 1 个人受到不同程度的抑郁症的困扰，而正常人也时常会出现亚健康的状态。因此，人类的长期情感监测变得很重要，与之相关的研究工作有抑郁症的早期检测任务。目前，人工智能技术给抑郁症的预测和治疗带来了一线曙光，常见的技术包括声音特征分析、脑电和生理生化信息分析、脑影像学分析等。

此外，还有一大类研究是通过对人人对话场景中用户的表情、语音、语言、姿态等多种模态信息的处理，来进行抑郁症等疾病的辅助诊断与治疗。多模态情感计算技术无疑会是其中的关键技术。这个功能也可以植入到人机对话机器人中，在日常生活中记录用户的语言、表情等信息，作为私人助理监测用户的情绪，及时为用户提供恰当的提示。

然而，在进行该方向的研究时有一点值得注意，那就是人工智能技术的伦理问题。我们认为，在诊断抑郁症及监测人类情绪方面，考虑到个人隐私保护及当前技术尚不够成熟，人工智能技术只能作为医生的辅助发挥作用。对于患者而言，人工智能技术的痕迹要越少越好。

6.2　多模态情感对话的任务定义与任务分析

如图1-4所示，多模态情感对话任务与面向自然语言的单模态情感对话任务的主要区别在于语境的变化，即语境由单一的模态扩展到多维度的模态。各种模态的加入也使得对话场景下的情感识别、情感管理和情感回复生成的任务和算法有了新的变化。

1. 多模态场景下的对话情感识别

输入：用户当前的一条对话以及之前人机对话的历史数据。

注：这些数据均为多模态数据，图像数据的具体形式为视频，与语言、语音等其他模态数据一样具有时序性，需要进行模态间对齐等预处理操作。

输出：用户当前的情感。

注：这里的情感特指人类的"七情六欲"，具体包括：喜、怒、哀、恐、惊。此外要注意的是，任务的目标是识别用户"当前"的情感，而不是"预测"的情感，或者"历史"的情感。

2. 多模态场景下的对话情感管理

输入：用户的人机对话历史数据、用户当前的情感。

注：多模态对话情感管理的目的是模拟人类在多模态环境下对输入数据的综合管理能力，分析来自各个模态的情感原因，识别多模态场景下的对话情感状态，并预测要生成的话语的情感。我们可以参考人类在这一场景下管理情感的过程。在多模态环境下，人类大脑瞬间就可以"管理"出恰当的情感，而我们就是要让机器能够尽可能地做到这一点。与之前的面向自然语言的情感对话任务不同，多模态场景下的"管理"内容更多，互相的牵绊和推理任务更难。例如，要分析对话的历史话题、人物性格，以及结合当前用户的语言、语调、表情等特征，来进行综合的预测和推理。

输出：预测机器人对用户当前对话的情感反应，识别对话情感状态。

注：这里的"情感"依旧指喜、怒、哀、恐、惊，输出的结果可以更好地辅助情感对话机器人生成对话内容。

3. 多模态场景下的对话情感回复生成

输入：对话情感管理的结论、用户的人机对话历史数据。

　　注：生成对话情感回复的时候要使用到多模态的对话历史数据。

　　输出：单/多模态的对话情感回复生成。

　　注：对话情感回复的输出可分为两大类。第一大类是语言形式的输出，这与面向自然语言的对话回复生成技术非常相似，生成的都是语言，最大的不同在于生成的过程中需要考虑多模态的信息要素。第二大类是多模态形式的输出。其中，比较简单的方式是音频输出，即对话机器人在生成语言表达的基础上使用语音生成技术，这也是目前很多实体聊天机器人常用的表现形式；比较复杂的方式是"从无到有"的对话情感"多模态"表达，即在输出的"语音"中融入情感，且在对话机器人的面部也融入情感，使其有表情甚至微表情的输出。

6.3　多模态情感计算基础

　　多模态情感计算基础处理是对输入的多模态数据进行语义的表示和语义的融合。多模态语义表示是指将多种模态转化为计算机可以处理的数字信号，而多模态语义融合是指将多种模态融合成统一的表示，作为初始状态供后续算法进行研究。

6.3.1　多模态语义表示

　　多模态语义表示是指从文本、图像和声音等模态的数据中提取出语义信息，并转化为计算机可以处理和理解的向量形式。多模态语义表示可以分为两大类：一类是多种模态语义的独立表示，另一类是多种模态语义的统一表示。

　　多模态语义的独立表示是指将每种模态数据进行独立的编码。每种模态的编码可能有不同的形式，且不在同一语义空间。早期的多媒体相关工作中也涉及利用计算机技术处理图像、文本等多模态数据[3]，但主要处理的是原始数字信号信息，计算机对其中所蕴含的语义信息知之甚少。因此，计算机很难将不同模态的表示信息进行融合，模态之间的语义可谓"鸡同鸭讲"。正因如此，虽然多模态数据可以很好地独立表示，但是融合起来却非常困难。此外，要想获得每个模态的特征表示，对研究人员的要求也会非常高，要精通自然语言处理、图像特征抽取、语音特征抽取等多个领域的知识。

　　下面介绍 3 种常见模态的独立表示形式及其常见算法框架或工具。

1. 文本模态独立表示

　　文本模态独立表示方法可分为两类。一类方法是静态表示方法，具有代表性的方法有 Word2Vec[4] 以及 Glove[5]。这类表示方法利用大规模无标注语料来学习静态的词向量，这里的"静态"是指一个词语的语义表示在不同的上下文中是固定的，不会根据所处上下文的改变而改变。另一类方法是动态表示方法。对于同一词语，这类方法会根据其所在的上下文不同而产生不同的词表示。较为经典的动态表示方法有 ELMo[5] 和 BERT[6]。ELMo 首先利用语言模型建模任务训练双向 LSTM，然后在获取词表示时，利用训练好的网络动态地生成基于上下文的词表示。与 ELMo 类似，BERT 也利用掩码语言模型建模目标预训练模型参数，其所采用的预训练任务具体是先随机掩蔽某些词语，然后预测出被掩蔽的词语。这两种方法与静态表示方法相比，均能为下游任务带来更大的提升。具体相关内容参见本书第 2 章。

2. 图像模态独立表示

常见的用于多模态情感计算的图像模态独立表示主要分为两类。一类方法是利用现有的开源工具提取手工特征，如利用 Openface 工具提取脸部运动单元等情感相关的特征。另一类方法是利用 CNN 提取语义表示，常用的 CNN 架构有 ResNet、VGG[7] 等。为了提取与情感语义更相关的信息，可以直接使用在相关数据集上训练好的模型，如使用在面部表情识别数据集 FER+[8] 上训练好的 VGG13 模型提取与脸部相关的情感特征。

3. 声音模态独立表示

声音模态独立表示方法主要有两类：一类是利用人工设计的特征作为音频的表示，常用的音频特征有梅尔频率倒谱系数、过零率等；另一类是利用预训练模型提取音频特征，常用的预训练模型有 Wav2Vec 和 Mockingjay[9]。Wav2Vec 模型将对比损失函数作为优化目标，预训练自身参数。Mockingjay 模型采用的预训练任务与 BERT 类似，具体是先随机掩蔽帧级别特征，然后让模型预测出被掩蔽的帧特征，以此训练模型对连续帧特征的上下文建模能力。

随着深度学习技术的发展，其在自然语言处理、图像识别、语音识别等领域均有出色的表现，最大的优势是很多基于深度学习技术的模型（如 CNN）和思想均可用于上述 3 个研究领域中，这大大降低了研究人员的研究门槛，也使得多种模态的语义联合表示的壁垒被打破。每种模态信息均可通过深度学习模型表示为向量信息，简单的向量拼接和向量叠加就可以实现最简单的多模态语义的融合，并此基础上完成其他多模态下游任务。自此，研究人员开始综合多种模态挖掘更丰富的语义表示。

研究人员发现，每一种模态表示均是独立模态空间的表示，是不同的向量空间。尽管强硬的拼接和叠加展现了一定的效果，但理论意义很难推敲。因此，人们开始思考如何让多种模态表示统一于同一语义空间中。这种多模态语义的统一表示有时也被称为多模态语义融合。预训练模型框架是非常具有代表性的统一语义表示的方法。预训练模型框架的主要特点是：在大规模无标注语料上使用自监督的预训练任务训练模型。近年来，以 BERT 为代表的预训练模型获得了巨大的成功，文本语义表示取得了极大的进展。很多学者都在沿用预训练模型思想开展多模态语义表示算法的研究。

利用多模态数据构造预训练任务的方法主要有两类。一类方法是使用各个模态内部的信息构造预训练任务。例如，将文本中的某些词替换成占位符，让模型在相应位置预测出被替换掉的词[10]；将视频中的某些帧替换成占位符，让模型在相应位置预测出被替换掉的帧[10]；打乱视频帧的顺序，让模型预测帧的出现顺序[10]；将图像中某些物体替换成占位符，让模型预测物体类别。另一类方法是使用不同模态数据之间的对齐关系（文本-视频对）设计预训练任务。例如，随机替换文本-视频对中的文本或视频，让模型预测输入是否为一对；随机替换文本-图像对中的文本或图像，让模型预测输入是否匹配；对于每一个视频-文本对，随机采样一些不匹配的负例并与正例合并成候选集，让模型从候选集中选择正例[10]；从字幕文本中随机抽取一段，让模型从视频帧中匹配出文本对应的开头与结尾[10]。

从以上分析可以看出，目前人们已开展了一些与多模态语义表示相关的研究，然而这些研究很少提及将情感信息融入多模态语义表示，这将导致多模态语义表示中情感信号的严重缺失，不利于多模态情感计算工作的开展。因此，挖掘多模态数据中丰富的情感要素，以及将这些要素融入多模态预训练模型中，是探究多模态情感计算的重要基础。

6.3.2 多模态语义融合

当获取了每种模态数据的表示之后，如何将多种模态的语义表示更"严丝合缝"地融合在一起就成为首要问题。具体来说，这个问题可分为两个子问题：一是如何消除模态间信息的冲突，二是如何进行模态间信息的互补。现有的多模态语义融合算法可分为 3 种融合模式，分别是面向框架中不同模块的融合模式、面向不同算法思想的融合模式、面向不同粒度语义单元的融合模式。下面分别介绍这 3 种模式。

1. 面向框架中不同模块的融合

很多多模态计算任务可以在多模态语义融合的基础上开展，较典型的就是多模态分类任务。该任务分类的目标可以是领域，也可以是情感。这种基于多模态语义融合的分类框架一般可分为 3 个模块，分别是特征层、算法层和决策层，如图 6-1 所示。

图 6-1　基于多模态语义融合的分类框架

（1）特征层。该模块是指为每种模态的数据抽取特征，可以是机器学习时代的人为制定的特征，也可以是深度学习时代的向量表示（具体可参考本书 6.3.1 小节的多模态语义的独立表示部分）。

（2）算法层。基于特征层每种模态的表示，算法层有很多种融合的算法思想（具体可参考下文"面向不同算法思想的融合"部分），包括基于联合表示的思想、基于协同表示的思想，以及基于编码器-解码器的思想 3 种。经过算法层后，就可以获得融合的多模态语义。

（3）决策层。该模块讨论如何进行分类的决策。

基于该框架，多个模态的语义表示融合可以发生在上述 3 个模块的任意一个中[11]，如图 6-2 所示。

（1）特征层融合（又称 Early Fusion）：指在获取每种模态的特征之后，直接进行特征拼接的融合方式。

（2）算法层融合（又称 Model-level Fusion）指每种模态在不同的算法思想中进行充分融合。图 6-2 展示的是一种基于联合表示的多模态语义融合算法，具体是指两种模态通过各自的深度学习模型进行非线性变换来进行更抽象的表示，共享相同的损失函数，来实现充分的模态融合。

（3）决策层融合（又称 Late Fusion）：指每种模态在进行表示之后，与特定的分类任务相结合进行抽象，进而获得每种模态独立的表示，最终进行分类决策。

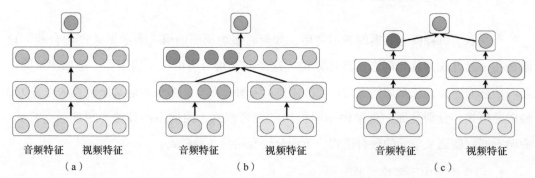

图 6-2　面向框架中不同模块的融合模式[11]
（a）特征层融合　（b）算法层融合　（c）决策层融合

2. 面向不同算法思想的融合

多模态语义融合的已有工作可分成以下 3 种不同的融合算法思想，如图 6-3 所示[12]。

（1）基于联合表示的思想。该算法思想的目标是将多个模态的信息一起映射到一个统一的多模态向量空间。该算法思想常见于基于多模态的分类任务，如多模态情感分类、反讽识别、视频分类、事件检测、假新闻识别等，优势是可以得到一个融合所有模态信息的表示，而劣势是无法产生各个模态的表示。相关的代表工作有面向视频的情感分类算法，如 TFN（EMNLP 2017）、MFN（AAAI 2018）、RAVEN（AAAI 2019）、MulT（ACL 2019）。基于联合表示的多模态语义融合思想是一种自然的融合策略，也是目前使用较多的融合策略。

（2）基于协同表示的思想。该算法思想的目标是将多模态中的每个模态分别映射到各自的表示空间，且映射后的向量之间满足一定的约束。该算法思想常见于图文检索、图文对齐任务等，优势是可以获得各个模态的表示，衡量模态间的语义相似度，而劣势是难以处理两个以上的模态。相关的代表工作有面向视频的情感分类算法，如 ICCN（AAAI 2020）、M3ER（AAAI 2020）、ARGF（AAAI 2020）。

（3）基于编码器–解码器的思想。该算法思想的目标是将一个模态的信息转化或映射为另一个模态的信息。该算法思想常见于图像描述生成、自动语音识别任务中，优势是可以获得目标模态的表示，可适用于模态默认的情况，而劣势是只能编码部分模态。值得一提的是，利用这种基于编码器–解码器的思想时，多模态的融合的表示不在算法的尾端，而是巧妙地使用中间的隐变量实现了两种模态的融合。尽管目前该算法思想的效果不如基于联合表示的思想，但不失为一种充分融合两种模态语义的优秀方式。

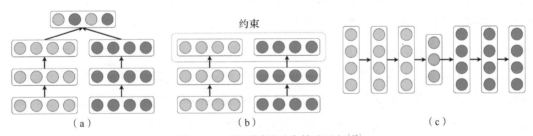

图 6-3　3 种不同的融合算法思想[12]

（a）基于联合表示的思想　（b）基于协同表示的思想　（a）基于编码器–解码器的思想

3. 面向不同粒度语义单元的融合

根据在算法中使用的特征粒度不同，多模态语义融合的方法可分为两大类：一类是基于句子级别特征的多模态融合方法，另一类是基于词级别特征的多模态融合方法。

句子级别特征是指使用一个整体特征向量表示整个句子、一整段音频或一系列视频帧。这类方法首先将 3 个模态信息分别由 3 个不同模态的句子级别特征进行表示，然后利用句子级别的多模态特征融合方法对不同模态特征之间的交互进行建模。为了充分融合 3 个模态的特征，Zadeh 等人[13]提出了张量融合网络，其主要思想是利用向量外积操作对单模态信息、双模态以及三模态特征交互进行充分的建模。但张量融合网络所采用的向量外积操作会使得融合后的向量维度极高，并且操作耗时很长，因此 Liu 等人[14]在前人工作基础上提出了低秩融合网络。该网络利用低秩张量分解对网络参数进行分解，从而加速了融合过程。Hazarika 等人[15]认为不同模态特征存在语义鸿沟，很难直接进行多模态特征融合，所以提出了模态共享私有网络，将各个模态特征映射到共享空间和私有特征中，并进一步进行特征融合。

基于句子级别特征的多模态融合方法的优点是可以基于全局特征进行预测，但是缺点是忽略了不同模态的局部特征之间的同步关系。因此，还有一类方法是基于词级别特征的多模态融合方法，其设计思路是对不同模态词级别特征之间的交互进行建模。Chen 等人[16]首先提出使用文本–语音强制对齐获取每个词语对应的时间起始点，进而完成文本与语音、图像之间的特征对齐。基于词级别的特征，Zadeh 等人提出记忆融合网络来同时捕捉时间维度和模态维度之间的特征交互。Wang 等人[17]观察到不同词语在不同的模态上下文中会表达出不同的意思，并在此启发下提出了词表示动态更新网络，通过融合其他模态的特征对词语特征进行更新，进而得到更准确的词语表示。最近，预训练模型在多个任务上取得了很好的表现，因此 Rahman 等人[18]沿用 Wang 等人提出的方法，将词级别的多模态特征注入文本预训练模型中，并取得了优于文本预训练模型的结果。但是由于获取词级别多模态特征需要对文本和语音进行强制对齐，耗时费力，因此 Tsai 等人[19]提出使用跨模态注意力机制进行隐式的跨模态特征对齐，其相对于显式的特征对齐来说有两点好处：第一点是将特征对齐蕴含在融合网络中，无须进行显式的特征对齐；第二点是经过显式对齐后，一个文本特征仅能跟少量的一小段时间内的特征进行交互，限制了特征交互的范围。基于此考虑，Tsai 等人基于 Transformer 架构实现了多模态 Transformer 模型，该模型无须进行显式的特征对齐，并可以捕捉到细粒度的特征交互。

通过对比基于词级别特征以及基于句子级别特征的多模态特征融合方法可以看出，词级别特征可以使得模型捕捉到局部信息，并在时间轴上对不同模态特征进行融合。不同模态的对齐信息在其中作为一种额外的监督信号帮助模型更有针对性地进行多模态特征融合。不仅如此，基于词级别特征的模型有更好的解释性，例如当模型关注于某些词级别特征时，可以在句子中定位到相应的词以及对应的图像以及音频片段，进而帮助研究人员进行模型分析。

6.4　多模态情感对话的关键技术

根据本书第 6.2 节中多模态情感对话任务的定义，与该任务最相关的多模态情感计算关键技术主要集中于多模态情感分类、多模态情感消歧，以及多模态细粒度情感计算，本节一一进行介绍。由于多模态情感计算的语料大都是多模态影视剧对话语料，因此在这些语料上开展的情感分类和情感消歧算法都可视为多模态对话情感识别算法。

6.4.1　多模态情感分类

本小节先介绍多模态情感分类的相关工作，然后再进行算法讨论和总结，最后介绍一项代表性工作。

1. 相关工作介绍

多模态数据一般分为"图像–文本"相配（简称图文相配）的静态数据形式，以及视频（包括图像、声音、文本）这种动态数据形式。根据处理的多模态数据的形式不同，多模态情感分类又可细分为面向图文的情感分类以及面向视频的情感分类两种。

面向图文的情感分类是指对于图文相配的静态多模态数据进行情感类别的判别，通常是在多模态情感语义表示的基础上进行。纵观目前的研究工作，面向图文的情感分类可分为 3 种研究思路：基于独立模态情感分类的方法、基于模态特征融合的方法和基于注意力机制的方法。其中，基于独立模态情感分类的代表工作有来自我国厦门大学的学者[20]通过分别利用文本和图像的情感计算方法独立预测两个模态上的情感类别，再对结果进行组合，从而预测图文数据的整体情感。这项工作存在的主要问题是模态的语义表示没有实现真正意义上的融合。基于模态特征融合的方法[21]则是通过分别提取图像和文本的情感特征信息，进行模态信息融合后分析图文数据的整体情感类别。基于注意力机制的方法[22]则是利用注意力机制，以文本模态信息为主，将图像模态看作对文本信息的补充，而不是起独立的作用，通过图像辅助获取文本模态中的情感信息，作为整体多模态图文数据的情感。后两种方法是较为常见的研究思路，重在把图像和文本的表示有效地融为一体，存在的主要问题是端到端的思路缺乏人类判断情感的细粒度推理过程。

面向视频的多模态情感分类模型可以分为两类：一类是基于句子级别多模态特征的分类算法，另一类是基于词级别多模态特征的分类算法。基于句子级别多模态特征的分类算法对于多模态特征的处理较为简单，即首先使用各个模态的特征抽取器抽取出情感相关的特征，然后取平均得到整体的特征表示，代表性工作是张量融合算法[16]。我国中山大学的学者提出了分解–融合–合并多层级特征融合框架以捕捉更深层次的交互。但是，提取句子级别的特征时使用的平均操作会丢失一些细粒度信息，如短时间内的表情或语调。基于词级别多模态特征的分类算法是将视频根据词的开头结尾时间点分割成片段，然后提取各个片段的特征，以获取更短时间段内的多模态特征。有学者[16]提出基于门机制的融合方法对词级别的多模态特征进行过滤和融合，然后使用 LSTM 网络对整体进行建模；还有学者[19]受到 Transformer 架构的启发，提出了多模态 Transformer 模型来对不同模态的特征进行深度融合。我国苏州大学的学者[23]将多模态分类看作多标签任务，提出了多模态情感标签生成模型。在面向视频的多模态情感分类算法中，时间维度是一个特别且重要的特征，值得关注。

此外，也有学者关注"文本-语音"双模态以及"语音-图像"双模态来进行多模态的情感分类。例如，中国科学院自动化研究所的学者[24]和清华大学的学者[25]均基于语音和文本的互补特性，研发了针对这两种模态的情感分类算法。

2. 算法讨论和总结

通过相关工作分析可以发现，目前的多模态情感分类的重点还集中于单模态特征提取、多模态的特征融合、模态间特征交互等研究点，更像是多模态语义表示算法在情感分类任务上的验证。此外，由于缺乏对每种模态中情感相关的细粒度要素的挖掘，因此情感分类的研究过程不能像人类判断情感一样一步步推理、有据可依，影响情感分类的性能。从任务角度讲，情感分类是情感计算领域较为浅层的研究任务，其他较为深入的任务，如情感所对应的评价对象或话题是什么、如何表示和抽取非文本模态中的情感相关信息还未被挖掘。

此外，通过对多模态情感分类算法的研究，我们还发现端到端的联合建模单模态特征抽取以及多模态特征融合可以帮助多模态情感分类模型取得更好的结果。将单模态特征抽取和多模态特征融合分隔开，可能导致学习到的模型陷入局部最优，因为单模态特征抽取阶段提取的特征会直接决定多模态特征融合模型的上界。

以上的多模态情感分类算法均基于一个共同的假设，即运行在比较纯净（无噪声）的多模态环境下。然而，真实的多模态环境肯定会存在噪声，这为多模态情感计算增添了一定的难度。例如：嘈杂环境下的语音识别会存在一定的错误，从而导致文本情感理解出现偏差；多模态场景下的图片内容数量也很多，但是说话者提及的图片可能有限，因此需要从中甄别出说话者真正对应的图片。Chen 等人[16]观察到收集自环境中的音频特征与图像特征含有噪声，因此设计了门控机制过滤音频特征以及图像特征中的噪声，同时可保留鲁棒并有价值的特征。Liang 等人[26]认为如果特征中有噪声，融合后的特征张量的秩会更高，因此他们在目标函数中引入低秩的限制，使得模型更专注在抽取鲁棒的特征上。尽管真实场景下的多模态情感计算的相关工作不多，但是由于其更落地，且真实场景带来了更多有趣的研究点，因此会成为多模态情感计算方向一个重要的研究路线。

3. 代表性工作介绍

接下来,我们介绍一种以文本为核心的多模态情感语义融合分类算法。在多模态情感语义融合部分,该算法选择了在算法层融合的方式,并且使用了基于编码器-解码器的融合方法。

(1) 工作动机

以往的多模态特征融合研究都是将 3 个模态特征视为同等重要,然后隐式地对不同模态之间的交互进行建模。我们认为更深入地研究不同模态对于情感分类任务的贡献,以及显式地分析和建模不同模态特征之间的关系可以帮助模型更有效地进行多模态特征融合。

通过统计分析,我们发现了两个现象。第一个现象是:多模态情感分析中文本模态占据主要地位。以往实验结果表明,去掉文本模态后的模型结果与去掉其他模态的结果相比产生了大幅下降。第二个现象是:相对于文本模态来说,其他模态提供了两类信息。一类信息是共享语义,它没有提供文本模态外的信息,但可以增强相应的语义,并使得模型更加鲁棒;另一类信息是私有语义,它提供了文本之外的语义信息,并可以使得模型预测更加准确。

基于这两点观察,我们提出了一种以文本为中心的基于跨模态预测的共享私有框架。在该框架中,我们利用跨模态预测任务来分辨共享特征以及私有特征,并设计了以文本为中心的多模态特征融合机制来对多模态特征进行语义融合。

(2) 算法模型

上述框架的整体模型共包含两个部分。第一部分是利用跨模态预测模型分辨音频特征与图像特征中的共享特征(包含共享语义的特征)和私有特征(包含私有语义的特征)。通过跨模态预测将两者区分开,使得我们可以进一步进行更有效的特征融合。第二部分是多模态特征融合。在该部分,我们提出了以文本模态为中心的特征融合架构:首先将文本特征与共享特征进行融合,对文本语义进行增强,然后与私有特征进行进一步融合,补全文本中未包含的语义,使得模型预测更加准确。下面具体介绍这两部分的算法。

第一部分:共享特征与私有特征鉴别

在区分共享特征与私有特征之前,我们定性地介绍下共享特征与私有特征。共享特征是指该特征包含与文本特征相关的信息,而私有特征是指该特征包含的信息没有包含在文本特征中。为了识别出两种特征,我们使用了跨模态预测模型。具体来说,跨模态预测模型的输入是文本特征，输出是音频/图像特征。该模型由带有注意力机制的 Seq2Seq 模型实现，如图 6-4 所示。通过该模型，共享特征和私有特征可以得到更确切的表示。这是因为，私有特征是指难以通过文本特征预测出来的特征，即预测时损失函数值比较大的时间步的特征；而对于共享特征而言，在预测过程中，由于要准确预测某一时间步特征需要注意力机制注意到与所要生成特征相关的信息上，因此如果预测一个特征时，某一文本的特征权重较大，则认为该特征为这一文本特征的共享特征。

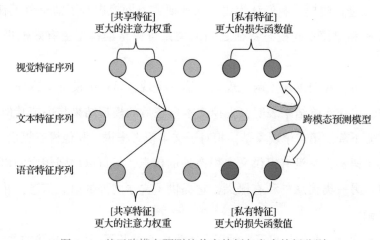

图 6-4　基于跨模态预测的共享特征与私有特征鉴别

为了更直观地阐述这个思路，我们对获取共享特征的方法进行了可视化，如图 6-5 所示，共分 3 个步骤。第一，我们将文本特征（灰色节点）送入跨模态预测模型，预测目标时间步的特征（红色节点），这时模型会利用注意力机制对文本特征进行建模，其注意力权重为红色节点与灰色节点之间连边上的数值，数值越大则说明灰色节点的信息对于预测红色节点越重要。第二，我们设定一个阈值过滤掉对于预测红色节点不重要的灰色节点，即删除注意力权重小的连边，只保留部分连边。第三，我们将每个白色节点作为红色节点重复上述过程，每个灰色节点都会与一部分节点相连，我们将与其相连的节点作为灰色节点的共享特征。共享特征与私有特征的位置用共享掩蔽矩阵与私有掩蔽矩阵表示。

第二部分：多模态特征融合

多模态特征融合主要由 4 部分组成，输入层、共享模块、私有模块以及预测层。整体模型架构如图 6-6 所示。

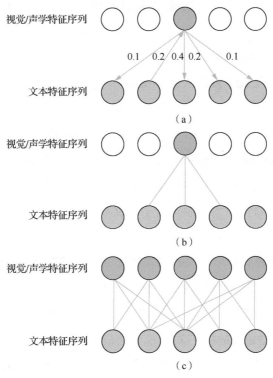

图 6-5 获取共享特征的方法

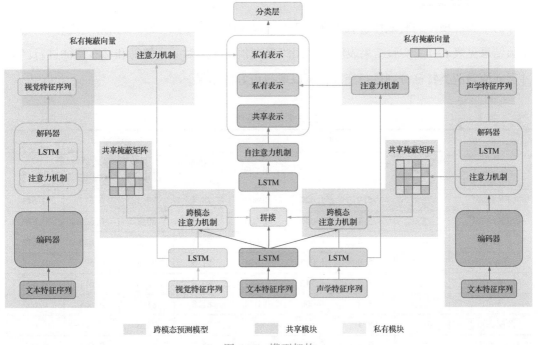

图 6-6 模型架构

首先，各个模态的特征序列分别通过输入层进行上下文特征编码，得到编码后的各个模态的单模态特征表示。具体来说，我们使用 LSTM 网络来实现输入层，以捕捉不同时间步的特征之间的相互依赖关系。

然后，编码后的特征表示被送入共享模块中。该模块利用跨模态注意力机制融合文本特征与共享特征。为了实现这一点，我们首先利用非线性层计算文本特征与整个音频和图像特征序列的注意力权值，然后利用上一阶段获取的共享掩蔽矩阵将其他特征的权值置 0，使得模型只聚焦在共享特征上。进一步地，使用得到的注意力权值对共享特征进行加权求和，并将得到的特征与文本特征进行拼接后送入 LSTM 网络中进行共享特征融合。此外，我们还使用自注意力机制进行上下文联合建模，最终取其输出的表示中的最后一个时间步的表示作为共享表示。

在将编码后的特征表示送入共享模块的同时，我们还将其送入私有模块中来挖掘其包含的私有信息。具体来说，我们使用注意力机制对私有特征进行建模，利用一层线性层计算其注意力分值并利用函数对其进行归一化。同样地，为了使模型仅聚焦在私有特征上，我们使用私有掩蔽向量，将其他位置的权重置为 0，最终应用到私有特征上得到私有表示。

最后，共享表示和私有表示被送入由一个双层的非线性层实现的分类层中进行特征融合与情感标签预测。

（3）实验验证

为了验证模型的有效性，我们在 MOSI[27] 和 MOSEI[28] 两个公开数据集上进行了实验，实验结果见表 6-1。实验结果表明，利用跨模态预测模型对共享特征和私有特征进行区分并显式地与两类特征分别进行交互，可以取得更好的结果。

表 6-1 主实验结果

模型	MOSI				MOSEI			
	准确率（%）	F1 分数（%）	平均绝对误差	相关度	准确率（%）	F1 分数（%）	平均绝对误差	相关度
EF-LSTM	76.0	75.9	1.020	0.603	78.4	79.5	0.642	0.641
LF-LSTM	75.3	75.1	1.046	0.600	80.3	80.8	0.606	0.676
MFN	74.5	74.4	1.036	0.607	78.1	79.2	0.640	0.637
RAVEN	76.2	76.0	1.012	0.614	81.3	81.6	0.595	0.701
MCTN	71.6	71.5	1.142	0.487	80.8	80.6	0.611	0.670
MulT	78.9	78.8	1.000	0.670	81.8	81.8	0.605	0.682
多模态路由	68.5	68.4	—	—	76.0	75.6	—	—
TCSP（基本）	79.3	79.3	0.956	0.658	80.7	80.3	0.593	0.692
TCSP（完整）	**80.9**	**81.0**	**0.908**	**0.710**	**82.8**	**82.7**	**0.576**	**0.715**

为了分析区分共享特征与私有特征带来的影响，我们设计了消融实验，实验结果见表 6-2。实验结果表明，消融任何一个掩蔽矩阵均会导致模型性能下降，这验证了该模型中各个部件的有效性。

表 6-2 消融实验结果

模型	MOSI				MOSEI			
	准确率	F1 分数	平均绝对误差	相关性	准确率	F1 分数	平均绝对误差	相关性
TCSP	80.9	81.0	0.908	0.710	82.8	82.7	0.576	0.715
without Private Mask	79.9	79.8	0.930	0.663	82.2	82.1	0.576	0.710
without Shared Mask	79.0	79.0	0.965	0.660	82.3	82.1	0.585	0.701
without Both Masks	79.3	79.3	0.956	0.658	80.7	80.3	0.593	0.692

（4）结论

本小节主要介绍了一个以文本为中心的基于跨模态预测的共享私有框架，该框架以文本模态为中心，从语音模态和图像模态中挖掘两类信息来辅助文本模态：一类信息是共享语义，利用该类信息可以加强文本中相应的语义，使得模型更加鲁棒；另一类信息是私有语义，利用该类信息补充文本语义，可进一步使模型预测更加准确。为了实现对两类信息的分辨，我们提出使用跨模态预测任务，并设计了相应的方法。实验结果表明，通过显式地让文本特征分别与共享特征和私有特征进行交互，可以更有效地进行多模态特征融合。

6.4.2 多模态情感消歧

本小节先介绍多模态情感消歧的相关工作，然后再进行算法讨论和总结，最后介绍一项代表性工作。

1. 相关工作介绍

在大部分情况下，多种模态传达的情感信号是一致的，然而也存在一定比例的不一致现象。这时就需要对这些不一致的模态进行情感消歧。模态间的情感消歧本质上还是分类任务。多模态情感不一致的情况可分为两种：一种是情感完全冲突，例如语言模态是"你太优秀了"，而图像模态是"翻白眼"，这种被定义为多模态反讽识别任务；另一种是某些模态传达"中性"情感，而其他模态传递的是或褒或贬的情感，是典型的事实型隐式情感表达。在多模态情感消歧任务中，文本模态是隐式评价句，很难识别出情感，而图像则可以传达出情感信号，由于这两种模态不存在冲突，可以很好地进行情感信息的融合，是模态间情感互补的一种有效方案。

多模态情感消歧研究中极具代表性的研究任务就是多模态反讽识别任务。反讽是一种复杂的语言现象，其特点是常常使用积极的词语表达消极的态度。反讽识别任务源于文本领域。有学者[29]发现常见的反讽句通常由表达积极的短语和消极的上下文构成。对于句子"我上班迟到了，真开心"来说，我们很容易通过对比积极短语"开心"和消极的上下文"上班迟到"来识别出其为反讽。后续的工作沿用了这个思路，一些新的模型被提出。例如，有学者提出了句内注意力模型来捕捉词语之间的不一致信息；还有学者[30]提出了自匹配网络来捕捉词与词之间的交互。除了文本反讽，还有些学者研究了语音数据中的反讽：有学者[31]研究了不同的声学特征对识别反讽的作用；有学者发现利用语调信息可以很好地识别反讽。然而，仅从单个模态数据内部搜寻证据，有时无法准确地识别反讽，很容易将反讽样例识别为积极情感。因此，文本反讽识别的未来走向需要借助于语义推理的研究。

多模态数据的产生极大地丰富了反讽句的判别证据，使得学者们的研究延伸到多模态反讽识别任务上。对于反讽识别，现有方法多将其建模成一般的分类任务，然后提出多模态特征融合方法进行特征融合，在该思路上，也可以直接借鉴现有的多模态情感分类方法。由于这类任务比较新颖，目前相关研究还比较少。Castro 等人[32]首先提出了多模态反讽识别任务，并提出使用后融合的方法对多模态特征进行融合。Chauhan 等人设计了模态间和模态内的注意力机制对多模态特征进行融合。考虑到情感分类与反讽识别之间的相关性，有学者提出了一个多任务框架，该框架可以同时进行反讽识别和情感分类。此外，还有一些学者研究了图文中的反讽，例如：北京大学的学者[33]提出了面向图文的多模态反讽识别任务并设计了多层次融合网络来识别反讽；清华大学的学者发现了同一场景下不同模态的情感歧义性，构建了一个中文多模态数据集CH-SIMS，为每种模态都标注了情感。

2. 算法讨论和总结

现有的研究工作表明，对于模态间情感不一致的现象，学者们更多地将其视为分类任务，研究方案主要集中于模态表示和跨模态交互。然而，多模态情感消歧是一种典型的推理任务，重要的突破口在于找到模态之间不一致的线索，这些线索可能来自于同一模态，也可能来自于不同模态，大多可以用细粒度情感要素来表示。现有的算法却忽略了不一致线索的可追溯性和可利用性。同样地，普通的多模态情感分类任务也需要这些细粒度情感要素线索的支持。

3. 代表性工作介绍

如前所述，仅通过文本来准确地识别出反讽对于情感分析来说极具挑战性。多模态反讽识别旨在通过文本、音频和图像 3 种模态的数据识别出当前视频片段是否在表达反讽。通过引入音频和图像信息，可以帮助模型更有效地识别出反讽。但是，以往的研究工作仅关注多模态特征融合，没有考虑到反讽数据中不同模态表达的情感语义之间的关系。我们观察到反讽常常伴随着不同模态表达的情感语义之间的冲突，因此可以通过捕捉模态冲突来高效地进行反讽识别。

一个多模态反讽的示例如图 6-7 所示。通过这个例子可以看出，单独依赖于文本很难识别出其为反讽，但是音频信息和图像信息的引入可以帮助我们识别其为反讽。更重要的是，该示例中不同模态之间的情感语义冲突，如积极的情感词 "非常棒" 与表达消极情感的面部表情 "翻白眼" 之间的冲突，是识别反讽的一个非常明显的线索。因此，设计模型捕捉和利用这种线索可以帮助模型有效地进行反讽识别。在此动机驱动下，我们设计了基于模态间冲突建模的反讽识别模型，称为冲突感知注意力网络（Incongruiy Aware Attention Network，IWAN）。该模型可以通过显式地建模不同模态特征之间的情感语义冲突，重点关注有冲突的特征，并利用其学习最终的多模态特征表示。

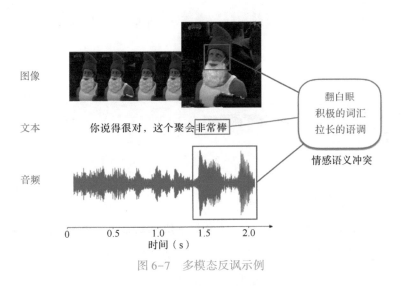

图 6-7　多模态反讽示例

（1）算法模型

IWAN 算法的核心部分是基于模态间冲突感知的注意力机制。该模块可以捕捉不同模态之间的情感语义冲突，并输出冲突分值，其分值越大说明当前的模态组合之间的冲突程度越高。需要强调的是，这里的模态之间的冲突是指正向情感词与表达负向情感的语音线索以及正向情感词与表达负向情感的表情图像信息。此外，该模块还可以利用不同模态之间的冲突分值，来对不同时间步的多模态特征进行加权，其原则是冲突分值越大，说明当前的多模态特征对于识别反讽越重要。

IWAN 的整体模型架构如图 6-8 所示。该模型主要包含 3 个部分：多模态特征提取模块、基于模态间冲突感知的注意力机制模块，以及类别预测模块（后面两个模块图 6-8 中未标出）。可以看出，这个算法的模型架构逻辑与图 6-1 完全相同。

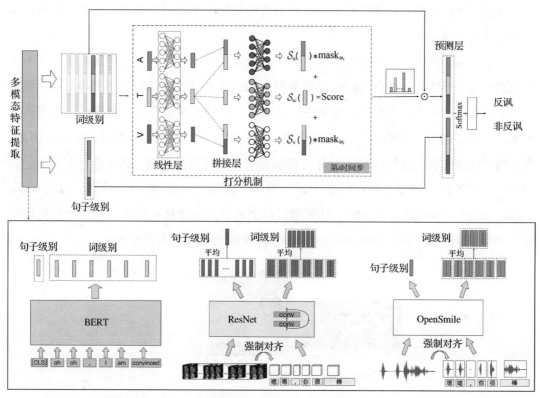

图 6-8 IWAN 的整体模型架构

模块一：多模态特征提取

该算法使用了两种类型的特征：一种是句子级别特征，这类特征可以为模型提供全局的、粗粒度的信息；另一种是词级别特征，这类特征可以为模型提供局部的、细粒度的信息。对于文本模态，我们使用预训练模型 BERT 抽取特征，将获得的［CLS］表示作为句子级别的文本特征，并将各个词对应的表示作为词级别的文本特征。对于语音模态，我们利用开源工具 OpenSmile 抽取句子级别和词级别的语音特征，如 MFCC 等。对于图像模态，我们使用 ResNet 模型抽取句子级别的图像特征；对于词级别图像特征来说，我们首先使用 MTCNN 模型对原始图片帧进行处理，以获取人脸图片，然后使用在 VGGFace2 数据集上预训练好的 InceptionResnetV1 模型找到说话者的人脸图片，最后利用在 FER+数据集上预训练好的 ResNet-50 模型对人脸图片进行表示。

假设 t_u、a_u 和 v_u 分别为抽取好的句子级别文本特征、语音特征和图像特征，$\{w_1, w_2, \cdots, w_i\}$ 为文本中的词语，则词级别的文本特征、语音特征和图像特征可表示为 $\{t_{w_1}, t_{w_2}, \cdots, t_{w_i}\}$、$\{a_{w_1}, a_{w_2}, \cdots, a_{w_i}\}$ 和 $\{v_{w_1}, v_{w_2}, \cdots, v_{w_i}\}$。

模块二：基于模态间冲突感知的注意力机制

我们使用 3 个线性层对各个模态的词级别特征进行变换。为了捕捉不同模态之间的情感语义冲突，我们设计了冲突打分函数。同时，反讽识别中的文本特征线索也很重要，因此我们增加了文本打分函数，对冲突打分函数进行补充。

接下来计算注意力分值（Score）。每个时间步的多模态词级别特征的重要程度由两部分组成：一部分是模态间情感语义冲突分值，利用打分函数 s_v 计算文本图像模态间语义冲突分值，同时利用打分函数 s_a 计算文本语音模态间语义冲突分值；另一部分是文本词级别特征的分值，该分值通过打分函数 s_w 得到。需要说明的是，如果当前词不是正向情感词的话，模型将对其计算的冲突分值置 0。该部分使用变量 mask_{w_i} 进行控制，当 w_i 不是正性情感词时，mask_{w_i} 为 0。总体注意力分值为利用上述 3 个打分函数进行计算所得分值的总和，并通过 Softmax 函数得到注意力权重。

利用获得的注意力权重对输入的词级别多模态特征进行加权平均，即可获得经过求和后的多模态特征。

模块三：类别预测

将句子级别的多模态特征（即句子级别文本、语音、图像特征）与利用模块二得到的加权求和后的多模态特征进行拼接，并送入 Softmax 分类器中判断当前句是否在表达反讽。

（2）实验验证

我们在公开的多模态反讽识别数据集 MUStARD 上进行了实验。该数据集由收集自《生活大爆炸》《老友记》等美国电视剧的 690 个视频片段组成，其中 345 个视频的标签是反讽，而剩余视频的标签为非反讽。根据以往已发表的研究工作，我们使用了两种实验设置：一种是训练集和测试集中说话者有交叉（Speaker Dependent）；另一种是训练集和测试集之间说话者没有交叉（Speaker Independent），在这种实验设置下，模型需要学习到与说话者无关的、鲁棒的特征。

实验结果见表 6-3。可以看出，IWAN 模型取得了最好的性能，而且在 Speaker Independent 实验设置下，其他模型与 IWAN 模型的性能差距更大，这说明 IWAN 模型可以高效地学习到对识别反讽更加鲁棒的特征。此外，通过对比使用多模态特征的模型和仅使用文本特征的模型可以看出，多模态模型利用多个模态的信息取得了优于仅使用文本特征模型的结果。

表 6-3　主实验结果

模态	模型	Speaker Dependent			Speaker Independent		
		准确率（%）	召回率（%）	F1 分数（%）	准确率（%）	召回率（%）	F1 分数（%）
文本	SMSD	61.6	61.0	61.1	51.7	48.2	47.0
	MIARN	64.7	64.0	63.9	60.4	55.2	54.0
	BERT	67.5	66.9	66.8	58.2	56.7	57.0
文本、音频、视频	RAVEN	69.1	67.5	67.1	53.8	50.4	49.7
	LSTM（A）	67.3	66.7	66.3	56.7	54.1	54.0
	MFN	70.1	69.6	69.7	66.0	62.5	62.4
	EF-Concat	71.2	70.8	70.8	64.3	63.1	63.3
文本、音频、视频	IWAN	**75.2**	**74.6**	**74.5**	**71.9**	**71.3**	**70.0**

为了进一步分析 IWAN 模型的有效性，我们进行了模块消融实验，结果见表 6-4。可以看出，将基于模态间冲突感知的注意力机制去除（IWAN without Scoring Mechanism）或者用普通的注意力机制代替［IWAN（trimodal）］均会使模型性能下降，因此可以得知，通过建模不同模态之间的不一致，可以有效地帮助模型进行反讽识别。此外，我们还尝试将词级别的多模态特征进行消融（IWAN without Word-level），结果表明了词级别的多模态特征的有效性。

表 6-4　模块消融实验结果

模型	Speaker Dependent			Speaker Independent		
	准确率（%）	召回率（%）	F1 分数（%）	准确率（%）	召回率（%）	F1 分数（%）
IWAN	**75.2**	**74.6**	**74.5**	**71.9**	**71.3**	**70.0**
IWAN（trimodal）	74.2	73.7	73.6	70.4	70.4	69.7
IWAN without Scoring Mechanism	74.6	74.0	73.9	69.8	69.6	68.4
IWAN without Word-level	73.2	72.8	72.8	68.1	68.3	68.2

为了分析各个模态特征的有效性，我们对不同模态数据进行了消融，实验结果见表 6-5。实验结果表明，语音特征和图像特征对于反讽识别均起到重要的作用。

表 6-5　模态消融实验结果

模型	模态	Speaker Dependent			Speaker Independent		
		准确率（%）	召回率（%）	F1 分数（%）	准确率（%）	召回率（%）	F1 分数（%）
IWAN	文本、视频	69.1	68.9	68.9	63.2	63.1	63.1
	文本、音频	70.8	70.2	70.2	59.6	60.0	59.7
	文本、音频、视频	**75.2**	**74.6**	**74.5**	**71.9**	**71.3**	**70.0**

为了更直观地理解 IWAN 模型的机制，我们可视化了一些样例，并对其中的一个进行了详细的分析。从图 6-9 可以看出，IWAN 模型可以很好地捕捉到不同模态之间存在不一致的情况。例如第一个例子中，模型关注到了"sweet"，并进一步分析了其注意力权重。我们从图 6-9 观察到，该时间步文本语音情感语义冲突分值高，主要是由于模型捕捉到了情感词"sweet"与失望的语调之间的不一致，并且模型对于该时间步输出了较高的冲突分值。

图 6-9　注意力权重和分值的可视化结果

（3）结论

本小节介绍了一种多模态反讽识别算法，它的主要创新点在于：通过建模不同模态之间表达情感语义的不一致，可以更加高效地进行反讽识别。其中，基于模态间冲突感知的注意力机制可以利用模态间不一致打分函数对模态间的情感语义不一致的程度进行打分，并且可以进一步关注到含有不同情感语义的多模态特征。我们在公开数据集上进行了实验，结果证明了该算法的有效性。

6.4.3　多模态细粒度情感计算

多模态细粒度情感计算的实现主要来自文本情感计算的经典任务——细粒度文本情感计算的启发。细粒度文本情感计算旨在将无结构化的评论信息结构化为含有评价持有者、评价对象/话题、评价词/短语、情感类别等细粒度元素的搭配组。细粒度文本情感计算可以看作对评论文本理解较为深入的计算任务，与之相关的研究工作比较多。近年来随着深度学习的发展，很多基于神经网络模型的经典研究工作得到开展，如基于 LSTM 网络、Attention 网络模型、CNN 模型、多任务学习方法等的研究。还有一些研究结合了句法特征和图网络，例如武汉大学的图增强的双向 Transformer 网络[34]，取得了较好的性能。

近年来，随着多模态表示学习和多模态情感分类任务的不断推进，开始有学者进行更深入的多模态情感计算。中国科学院自动化研究所的学者[35]研究的面向热点事件的多模态多角度的情感分析，其核心是基于 LDA 框架抽取子事件和情感的相关词组。然而由于 LDA 模型性能非常有限，抽取的信息也非常受限。Xu 等人构建了面向评价对象的多模态情感分析数据集 Multi-ZOL[36]。该数据集收集整理了 IT 信息和商业门户网站"中关村在线"上关于手机的评论，并对性价比、性能配置等 6 个方面的评价对象进行了情感打分，在此基础上提出了一种基于注意力机制的交互式记忆网络模型。南京理工大学有学者通过注意力机制获取图像与文本中评价对象对应的关键区域作为图像特征，提出了基于 Transformer 模型的方法[37]，在 Twitter 基于评价对象的情感分类数据集上取得了不错的效果。然而，这些较为深入的多模态情感计算主要是在文本层面进行，如标注文本中的评价对象及其类别等来协助多模态情感分类，却缺少对其他模态中情感信息的深入挖掘。

截至本书成稿之日，人们对多模态场景下的细粒度情感计算的研究还非常有限，且最终目的还是解决浅层粗粒度的情感分类问题。真正的细粒度情感计算中，抽取任务占很大比例，尤其是从各种不同的模态中抽取哪些有意义的细粒度情感信息以及如何抽取这些信息，都非常值得研究。此外，与细粒度文本情感计算不同的是，这些来自不同模态的细粒度信息或许存在互补性或冲突性，如何融合和泛化是值得研究的问题，也是多模态情感计算的未来模式。

6.5　多模态情感计算的未来模式

多模态情感计算是自然语言处理领域的新兴任务，其中一个很重要的研究趋势就是多模态细粒度情感计算。本节首先讨论多模态情感计算的现状与思考，然后具体介绍多模态细粒度情感计算的研究框架、方案设计及它的特色。

6.5.1　多模态情感计算的现状与思考

目前，为数不多的多模态情感计算研究工作主要集中在浅层粗粒度的多模态情感分类任务上，即对输入的多模态数据进行情感倾向性（褒义、贬义、中性）或情绪（喜、怒、悲、恐、惊）的判断。该任务是典型的分类任务，目前主要是一些研究多模态机器学习的学者在情感分类任务上尝试各种多模态表示、多模态映射、多模态对齐的方法。然而，粗粒度的多模态情感分类只能回答一个多模态场景的情感类别问题，却无法回答诸如"情感针对的评价对象或话题是什么"以及"情感是如何表达的"等更深层次的问题，对解决实际需求来说还远远不够。

　　基于此，除了获取粗粒度的多模态情感类别之外，我们非常有必要对更深层次的细粒度情感信息进行挖掘。这些细粒度的情感信息来源于多个模态，包括情感针对的评价对象或话题（可能源于文本，也可能源于图像），以及具体的情感表达方式（3 种模态均有体现，如文本模态中的评价词、图像模态中的面部表情、语音模态中的语音特征）等。这些细粒度的情感信息不仅可以直接用于实际需求，还可以为粗粒度的多模态情感分类算法提供显式的依据。

　　受人类处理情感信息的启发，我们认为多模态情感计算的未来模式是多模态细粒度情感计算任务。该任务旨在从各种模态中定义并自动捕获细粒度情感要素，继而加以整合，以进行更多元化和有针对性的情感计算。在这些模态中，自然语言扮演了理解语义的核心角色，图像和语音作为重要的补充，能够提供许多有价值的信息。例如图 6-10 所示的多模态场景，当我们说出自然语言"太舒服了"的时

图像：

文本：　　　　　　　太舒服了！

图 6-10　多模态场景示例

候，虽然言语单薄，但事实上表达了很多信息：我们从图像模态中可以分析出"床""画""台灯"等细粒度评价对象，而从文本模态中可以分析出"舒服"等细粒度评价词以及"褒义"的情感类别；继而我们可以将来自不同模态的细粒度情感信息进行整合，推理出"舒服"描述了"床"而非其他评价对象，因而"床"是这个多模态场景中情感针对的真实评价对象，且表达的情感是"褒义"的。

　　与文本单模态中的情感表达不同，我们发现多模态语境下的情感表达有其特殊性。

　　（1）情感语义复杂，即同一个文本表达在不同的非文本模态语境下，表达出的情感不同。例如：文本表达为"你真坏！"，如果在"皱眉"等图像模态下，表达的是"愤怒"的情感；如果在"嘴角上扬"等图像模态下，表达的则是"喜悦"的情感。

　　（2）情感要素互补。由于其他模态的参与，文本模态表达往往较短、信息量不足，来自其他模态的细粒度情感要素可以提供有效的补充。例如：图 6-11a 中两个例子的文本均非常短，且所讨论的评价对象也非常模糊，但是图像模态可以为文本模态补全评价

对象信息（"床"和"灯"）。

（3）情感表达不一致，同一场景下的多种模态存在情感表达冲突的情况。例如：从图6-11b中左侧的例子可以看出，文本模态"说得真有道理啊"表达出"褒义"的情感，而图像模态却表达了"贬义"的情感；图6-11b右侧例子中的文本模态的情感是"中性"，而图像模态却表达出"褒义"的情感。

太舒服了！　　　　　　　　　推荐给需要的妈妈！

（a）

（贬义）　　　　　　　　　　（褒义）

说得真有道理啊！（褒义）　　　小酌一杯（中性）

（b）

图6-11　多模态情感表达特点举例

(a) 模态要素互补　(b) 情感表达不一致

针对以上3个多模态情感表达的特点，根据文本情感计算和粗粒度多模态情感分类的经验可知，多模态细粒度情感计算任务目前面临以下5个难题。

（1）目前的多模态语义表示缺少情感信息的注入。多模态语义表示是多模态机器学习的一个重要研究点，目的是将文本、图像、语音等模态中蕴含的语义信息抽象为实值向量。然而，目前的多模态语义表示还不成熟，且主要的关注点依然是语义，尚无相关研究工作关注如何显式地将多种模态中的情感信息注入多模态语义表示中。

（2）目前的多模态情感计算框架较为浅层，对细粒度情感要素的挖掘不足。现有的多模态情感计算"主战场"是情感分类任务，缺少深入的、有针对性的研究。因此，不能像人类处理情感一样从不同模态中捕捉到互为补充的细粒度的情感信息，并加以整合。这将很难解决"情感发生的评价对象/话题是什么""用什么表达来描述情感"这样的类人浅层推理任务。

（3）如何解决情感不一致问题是目前多模态情感分类算法的难点。纵观不多的几个相关工作，多模态情感语义不一致具体表现为多模态反讽识别任务，即不同模态表达了完全相反的情感，如图 6-11b 中左侧的例子所示；解决的方法多集中于研究模态间的交互机制等策略，仍不能很好地像人类处理反讽一样表示出冲突产生的过程。此外，多模态情感语义不一致还表现为模态中出现"中性"情感的隐式情感的类型，如图 6-11b 中右侧的例子所示，这种情况同样值得研究。

（4）如何区别对待模态所表示的信息。不同模态的语义信息之间的关系、以及如何对这种关系进行建模和使用值得思考和研究。现有工作将不同模态特征视为等同并设计特征融合操作对多模态特征进行统一融合，而没有考虑不同模态对情感预测的重要性，也没有探讨不同模态语义之间的关系。我们认为进一步深入研究这些问题有利于设计出高效的多模态特征融合模型。

（5）如何在真实环境下进行高效的多模态特征融合。当前研究多聚焦在较为理想的环境中进行多模态特征融合，所采用的模态数据是标准无噪声的，如文本模态使用人工标注的文本，人脸以正常的角度呈现在视频中。但是这种实验设置，不符合真实的应用场景。我们无法实时获得人工标注的文本数据，而是利用语音识别系统识别出来的文本；真实场景中获取的人脸数据，可能是角度不佳的，也可能存在部分缺失。但是目前的工作没有研究在这些真实环境中如何进行多模态特征融合。仅有少量的工作也是在特征层面人为进行加噪，没有在实际场景中进行详细的分析和深入的研究。

为了解决上述问题，针对多模态情感表达的特点，着眼于目前多模态情感计算的技术缺陷，设计一套新的适用于多模态语境下的情感计算研究任务及方案有显得尤为必要。该任务的研究内容应包括多模态情感语义表示、多模态细粒度要素抽取及整合技术，以及模态间情感语义消歧等。这些研究将突破原有的文本情感计算以及现有的多模态情感分类等任务的局限性，重点关注由多模态语境中丰富的细粒度情感信息带来的信息补全以及情感消歧能力，从而更类人化地处理情感表达。

6.5.2 多模态情感计算的研究框架

在未来的多模态情感计算工作中，一个很重要的研究趋势是：针对多模态场景下情感表达的情感语义复杂性、情感要素互补性以及情感表达不一致性等特点，研究多模态细粒度情感计算任务。未来的多模态情感计算共包含 3 项主要研究内容，如图 6-12 所示。多模态情感语义表示任务提供融入丰富情感特征的语义表示；多模态细粒度情感要素抽取及整合任务定义并抽取出多模态场景下表达情感的细粒度要素，并加以整合；多模态情感消歧及分类任务则是根据情感相关的细粒度要素间的关联对不一致的情感语义进行消歧，从而进行情感分类。

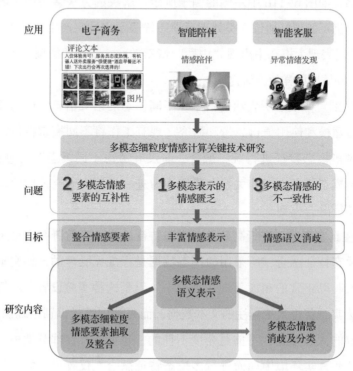

图 6-12　未来多模态情感计算的主要研究内容

可以发现，这 3 项研究内容是层层递进、密不可分的。其中，多模态情感语义表示是整个模式的基础；多模态细粒度情感要素抽取及整合是模式的深化，属于情感计算的深层次理解；多模态情感消歧及分类依托前两项技术，属于情感推理。这些技术均能够提升多模态场景下机器人处理情感信息的能力。

1. 多模态情感语义表示

多模态表示学习是深度学习时代下进行多模态情感计算的基础任务，现有的多模态表示学习主要从语义表示的角度对多种模态信息进行融合，缺乏对多模态数据中情感信息的关注。因此，构建一个能够全面表示多模态语义信息且能兼顾情感信息的多模态情感语义表示模型，有利于多模态情感计算任务的研究，也是首要解决的问题。

受以 BERT 模型为代表的文本语义表示模型的启发，多模态表示学习的研究工作多在大规模无标注语料上使用自监督的预训练任务进行模型的训练，取得了较好的成效。在多模态场景下，需要分析多模态场景下的情感表达传递了哪些情感信号，以及如何将这些来自不同模态的情感信号显式地融入模型中作为预训练目标，既能兼顾固有的语义信息，又能较好地兼顾情感信息。

此外，多模态数据共有两种常见的类型，即图文多模态和视频多模态。为了更好地支持下游多模态情感计算任务，我们可以根据这两种数据类型的不同特点，分别构建面向图文的多模态情感语义表示模型和面向视频的多模态情感语义表示模型。基于此，我们首先需要研究这两种多模态数据的特点，如图文多模态是静态数据，而视频多模态是有时间信号的动态数据；然后，还需要根据它们的特点来设计兼顾语义和情感的预训练任务。

2. 多模态细粒度情感要素抽取及整合

多模态细粒度情感要素抽取及整合是一个全新的任务，这项研究可以增加现有多模态情感计算的研究深度，向类人多模态情感处理更进一步。这项任务主要包括以下两大部分。

（1）多模态细粒度情感要素的定义及抽取。细粒度情感要素抽取对于文本情感计算来讲并不陌生，主要是从文本中抽取出与情感相关的评价对象、评价词/短语等细粒度要素，目的是提供更全面、更深入的情感分析结果。根据多模态情感表达的"情感要素互补性"特点，多模态场景下的文本表述一般较短且内容寡淡，这意味着来自其他模态的细粒度情感要素可以对其加以补充，对提升整体的多模态情感计算的性能尤为重要。因此，我们需要研究如何定义各个模态中的细粒度情感要素，以及如何抽取这些情感要素。

（2）多模态细粒度情感要素的整合。从人类处理情感信息的角度思考，在从各种异构多模态信息中捕获到细粒度情感要素后，我们要先对信息进行整合才会做出下一步判断。类似地，要想进行深入的情感计算，我们也需要对从各个模态捕获的细粒度情感要素进行整合。整合方式包括但不限于：评价对象去重、评价对象聚类、来自不同模态的评价对象和评价词的配对、评价表达聚类等。

完成多模态细粒度情感要素抽取及整合后，一个无结构化的多模态场景就可以被转化为具有多个有意义的情感要素的结构化数据形式。这些多模态细粒度的情感要素不仅可以直接应用于实际的应用场景中，还可以为下游的多模态情感消歧及分类等任务提供具有针对性的线索。

3. 多模态情感消歧及分类

多模态场景下表达的整体情感本身是没有歧义的，只是根据不同的情感类别定义为多模态数据打上某一情感标签。然而，机器人在处理多模态情感时，由于对每种模态的处理不在同一维度，很难做到像人类一样不经意间完成对情感的整体把控。因此，如果单独看每一种模态的情感，模态间的情感有时候会出现不一致的现象，这就需要情感消歧，如图 6-11（b）所示，这给多模态情感分类带来了挑战。

反讽识别是解决多模态间情感表达不一致的典型任务。反讽本身属于隐式情感表达，在文本情感计算领域就是一类很难的科学问题。通过已有研究可以发现，文本模态本身提供的信息量有限，很难判断其情感。多模态场景可以提供大量的非文本模态的情感信息（具体表现为细粒度情感要素），对文本模态进行补充，从而对模态间不一致现象进行消歧。这将是解决情感计算中的难题——隐式情感分析（不仅限于反讽识别任务）的重要突破口，也将为多模态情感分类任务提供研究线索。基于此，量化模态间情感表达的不一致，以及融合细粒度情感要素将会是反讽识别的两个突破口。

6.5.3 多模态细粒度情感计算的研究方案设计

按照图 6-12 中多模态细粒度情感计算的未来研究框架，我们可以从多模态情感语义表示、多模态细粒度情感要素抽取及整合，以及多模态情感消歧及分类这 3 个任务着手进行研究，下面是作者团队对各项研究内容所采用的研究方案的思考。

1. 面向多模态情感计算的语义表示

现有的多模态语义表示模型往往面向通用多模态数据和通用任务，重点在于对多个模态中的语义信息进行建模。由于忽略了多种模态中的情感信息，这样的语义表示不适用于多模态情感计算任务。因此，根据每种模态数据的特点分析显式存在的情感信息，并基于现有的预训练模型思想研究如何将情感信息融入预训练任务中，以构建适用于多模态情感计算任务的多模态情感语义表示模型，是研究的关键。

多模态情感计算具有其任务的特殊性：一是多模态场景下，语义信息更多更丰富；二是对于情感计算任务而言，情感信息是除语义信息外的重要维度。基于此，多模态情感计算的语义表示需要结合二者进行研究，即在 BERT 模型的语义表示框架下进行多模态情感语义表示的研究。BERT 模型是一种基于深层 Transformer 的预训练编码器，不仅充分利用了大规模无标注文本中丰富的语义信息，还进一步增加了自然语言处理模型的深度。为了更好地表示多模态下的情感语义，我们需要在 BERT 模型的语义框架下融入多模态语义信息及情感信息。

目前的多模态情感数据一般分为两种：一种是图文搭配的数据，称为静态多模态数据；另一种是视频信息，包含了丰富的图像、文本和声音信号，由于 3 种模态对齐的数据会随着时间的不同而不同，我们称其为动态多模态数据。针对这两种多模态数据，我们分别设计了基于 BERT 模型的多模态情感表示预训练模型。

（1）面向图文的多模态情感表示预训练模型

为了融入图像模态的信息，不同于经典的 BERT 模型只将文本作为输入，我们的多模态情感表示预训练模型可以将文本及其对应的图像共同作为输入，如图 6-13 所示，具体的设计包括自然语言特征和图像特征两方面。

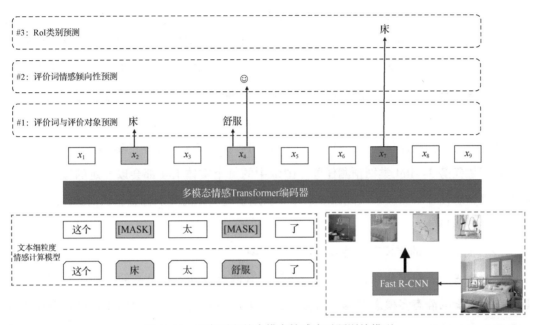

图 6-13　面向图文的多模态情感表示预训练模型

自然语言特征　该模型文本中的每个词均作为输入。其中，为了提取输入文本的情感特征，我们使用传统的面向文本的细粒度情感分析模型提取文本中的评价词（图中的黄色词语）和评价对象（图中的绿色词语）。评价词和评价对象是文本情感计算中的基础情感信息，图 6-13 中的"床"是评价对象，"舒服"是评价词，是该评价句中影响情感倾向性的核心要素。因此，在 BERT 模型的语义框架下进行这些基础情感信息的预测，可以有效地将文本中的情感信息融入预训练模型。

图像特征　一般的图像表示使用 ResNet 模型进行整体的语义编码表示，忽略了图像中显式的实体信息。为此在该模型中，我们通过对输入的图像应用 Fast R-CNN 等算法提取视觉外观特征，其中每个兴趣区域（Regien of Interest，RoI）输出层之前的特征向量被用作视觉特征向量。如图 6-13 所示，我们抽取出"床""台灯""画"等实体作为图像特征抽取模型的输入。这些实体及其所属类别是图像显式信息的充分体现，也隐式地含有情感信号。因此，在 BERT 模型的语义框架下进行这些实体信息的预测，可以有效地将图像中的语义和情感信息融入预训练模型。

输入的文本和图像序列被直接拼接后，会由多模态情感 Transformer 编码器（Multimodal Sentiment Transformer Encoder）进行编码，并对输出的向量进行相应的自监督学习。为了融入图像信息及文本和图像中的情感信息，我们提出了 3 项预训练任务。

预训练任务 1：评价词与评价对象预测任务。该任务与 BERT 模型中的掩码语言模型（Masking Language Modeling，MLM）任务非常相似，不同之处是在遮盖词语的时候，只遮盖文本中的评价词与评价对象，并替换为 [MASK]。该任务促使模型不仅对文本中存在的依赖关系进行建模，而且利用了图像中的信息，从而捕获文本和图像之间的相互关系。

预训练任务 2：评价词情感倾向性预测任务。通过文本情感分析模型，还可以将评价词赋予相应的情感倾向性，并将此作为预训练目标之一，迫使预训练模型综合利用文本和图像信息，以预测评价词的情感倾向性，达到捕获图像和文本中的情感信息的目的。

预训练任务 3：RoI 类别预测任务。图像中的每个实体 RoI 都会以一定的概率被随机遮盖，预训练任务根据文本或图像线索预测被遮盖的 RoI 的类别标签，从而达到综合利用文本和图像的目的。

（2）面向视频的多模态情感表示预训练模型

与图文多模态数据相比，视频多模态数据有两点不同：一是视频是动态数据，信息量比图文搭配的静态多模态数据大得多，计算方法也有所不同，例如随意遮盖图像中的实体将导致计算代价很高；二是由于视频是动态的，有时间信号的引入，这也为设计算法提供了契机。基于这些特点，我们提出了一种 BERT 模型和图注意力网络（GAT）相结合的算法，如图 6-14 所示。

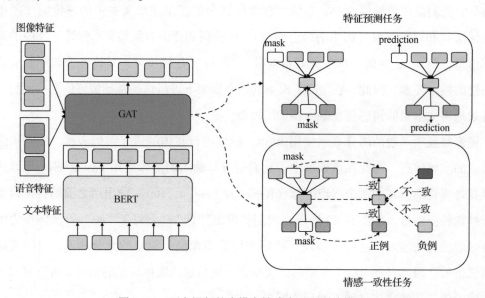

图 6-14　面向视频的多模态情感表示预训练模型

针对视频多模态数据的第一个特点,我们对每种模态使用了相应的特征提取模型,从而取代了遮盖引发的代价高的问题。对于文本模态,我们使用预训练模型 BERT 对其进行特征提取,文本预训练模型参数会随着预训练任务的推进得到进一步更新。为了获取情感相关的图像特征和语音特征,我们利用相关特征提取模型对原始图像和语音进行处理,得到相应的特征序列。为了融合 3 种模态的特征,我们使用图注意力网络对输入的 3 个模态特征进行特征融合。

针对视频多模态数据的第二个特点,对于每一个时间步,我们将图像、语音的特征序列和文本节点共同构成一个子图。经过图注意力网络后,每个节点都会生成一个表示。其中,文本节点是中心节点,其对应的表示可以作为整体模态特征融合后的表示,其他节点对应的表示被用于后续特征预测任务。

为了使得图注意力网络能够深度建模不同模态特征之间的关系,有效融入多模态信息和情感信息,模型通过两个多模态自监督任务进行预训练,如图 6-14 所示。

预训练任务 1:特征预测任务。该任务首先在输入的 3 个模态特征序列中随机遮蔽部分特征向量,并将其替换成特定的占位特征向量,在图中使用 mask 来标记;然后将替换后的特征送入图注意力网络中,在输出层预测(prediction)被遮蔽的特征向量。通过该任务,模型可以对不同模态的信息进行建模和融合。

预训练任务 2:情感一致性任务。使该任务的目的是使模型通过正负例对比学习捕捉到不同模态情感信息之间的关系。任务的具体流程如下:首先从文本中找到能够表达情感的词语,然后随机遮蔽与情感词语对应的部分图像/音频特征向量,并使用图注意力网络进行融合;将得到的融合后的表示分别与被遮蔽的特征向量和随机从表达相反情感的其他词语对应的特征序列中挑选出来的特征向量进行计算,得到情感一致性分值。该任务最终目标是,希望与原始特征向量进行计算而得到的分值更高。

2. 基于多任务学习的多模态细粒度情感要素抽取及整合

现有的多模态情感计算主要集中在浅层粗粒度的以情感分类为主的任务上,相关算法也以多模态表示、多模态特征融合为主,缺乏对多模态情感的深层思考。如何在多模态情感语义表示的基础上,像人类处理多模态情感场景一样挖掘出来自不同模态的深层细粒度情感要素并加以整合,从而对情感进行判断,即构建一套基于多模态情感语义表示的细粒度情感计算框架,以实现对多模态情感的深入理解,是本课题的关键科学问题之一。

多模态细粒度情感要素抽取及整合是情感计算领域中面向多模态数据的一个全新任务,任务主要分为两大部分:多模态细粒度情感要素的抽取和多模态细粒度情感要素的整合。

多模态细粒度情感要素的抽取旨在从不同模态中抽取出与情感相关的细粒度要素。根据模态的不同，该任务又可以分为文本模态的情感要素抽取和非文本模态的情感要素抽取两部分。目前已有诸多针对文本模态情感要素抽取的研究，例如抽取出与情感相关的评价对象、评价词/短语等。相对而言，面向其他模态的细粒度情感要素抽取的相关研究较少。为了从其他模态中挖掘更全面、丰富的情感要素，我们首先需要研究如何定义图像模态和声音模态中的细粒度情感要素，然后研究如何抽取这些非文本模态中的细粒度情感要素。

如图 6-15 所示，我们定义文本中的细粒度情感要素为评价对象和评价词/短语这两项内容。从图中例子可以看出，由于口语化严重，文本语言较为简练，并没有评价对象存在，与情感相关的评价短语是"合我胃口"。该文本属于隐式评价，现有技术很难将其中的评价短语抽取出来。基于此可知，文本模态中的情感信号很少，亟待其他模态情感信号的补充。

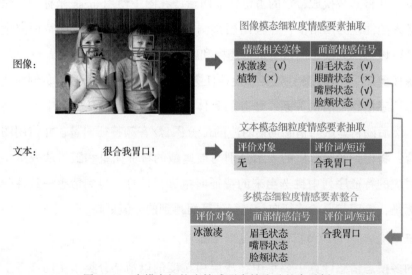

图 6-15　多模态细粒度情感要素抽取及整合示例

对于图像模态而言，我们根据其特点定义了以下两种细粒度情感要素。

（1）情感相关实体，即与文本内容相互映射的评价对象。识别这些实体将对文本信息补充起到很大的作用。理论上，图像中的情感相关实体与文本中的评价对象是同一内容，然而由于用词不同等问题，需要通过后续的细粒度情感要素整合步骤进行统一。例如在图 6-15 中，我们可以识别出两个实体，即"冰激凌"和"植物"，而文本中的情感表述是"合我胃口"，很显然是在说食物"冰激凌"，而非"植物"。因此，图像中出现

的实体 "冰激凌" 很好地解决了文本中没有出现评价对象的问题。我们将例子中 "冰激凌" 这样与文本情感相关的实体称为 "情感相关实体"，作为图像模态的其中一种细粒度情感要素。

（2）面部情感信号。对于那些出现人物的图像而言，人物的面部表情可以传达一定的情感信息，例如皱眉代表不开心的情感，脸颊上提代表开心等。因此，我们可以使用脸部运动单元（Face Action Unit，FAU）描述一些与情感相关的脸部信号，这里选取了眉毛状态、眼睛状态、嘴唇状态和脸颊状态 4 种面部信号来显式地表示人物的情感。如图 6-15 所示，图中人物的面部信息中的眉毛状态、嘴唇状态和脸颊状态符合 FAU 的定义，可以作为面部情感信号，而眼睛状态由于 FAU 中只有 "闭眼睛" 这种面部表情而无法判断出情感，因此无法作为面部情感信号。图 6-15 中的文本是隐式评价，由于很难识别出显式的情感词，故而很难识别出文本的情感，这时图像中传达的这些面部情感信号可以间接提供情感判别的线索。

此外，通过大量的调研可以发现，声音模态的情感信号较为模糊，如可能表现为音调高低、频率高低等，还有性别特征，因此，我们暂时不从声音模态中提取细粒度情感要素。

由于多模态场景下的语义和情感是唯一的，因此从每种多模态信息抽取出细粒度情感要素后，我们需要对这些细粒度情感要素进行整合，作为最终的显式多模态情感特征。如图 6-15 所示，图像中的 "情感相关实体" 和文本中的 "评价对象" 指向同一目标，需要整合。图像中的 "面部情感信号" 和文本中的 "评价词/短语" 均代表了多模态场景下的情感信号，均可为后续的情感识别或消歧提供线索。可以看出，通过多模态细粒度情感元素抽取和整合，我们可以将无结构化的图文多模态数据转为结构化的显式情感信息，为多模态情感计算的下游任务提供更为翔实的显式信息和证据。

（1）多模态细粒度情感要素的抽取

多模态细粒度情感要素之间存在情感共性的任务特点，非常适合多任务学习方法。Jeff Dean 在谈及 2020 年的机器学习趋势时，也曾提到多任务和多模态将会有大进展。基于此，我们提出了一种基于多任务学习的多模态细粒度情感要素抽取方法，如图 6-16 所示。

该方法首先对要处理的多模态数据中的文本内容和图像内容进行特征抽取，然后将其发送到多模态情感预训练模型中进行编码表示，供上层多个相关的任务进行共同学习。根据多任务学习的理论思想，这些情感相关的任务可以共享一些参数，从而在学习过程中共享它们所学到的信息。相关联的多任务学习能取得比单任务学习更好的泛化学习效果。

根据文本模态和图像模态的特色，这种基于多任务学习的思路又可以分为文本模态

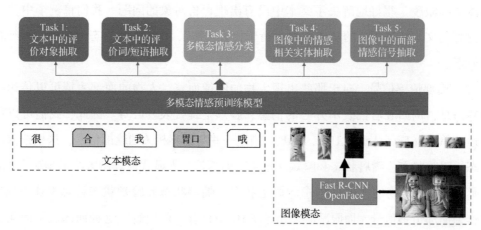

图 6-16　基于多任务学习的多模态细粒度情感要素抽取

内部的基于多任务学习的细粒度情感要素抽取和多种模态间的基于多任务学习的细粒度情感要素抽取。

　　针对文本模态内部的基于多任务学习的细粒度情感要素抽取任务可以同时学习评价对象抽取、评价词抽取和面向对象的情感分类这 3 个子任务，有效地改进了文本的编码方式，优化了子任务之间的交互。如图 6-16 所示，Task1~Task3 这 3 个任务可以联合学习，由于该学习框架使用了多模态情感表示模型，还可以间接地融入多模态信息。对于多种模态间的基于多任务学习的细粒度情感要素抽取任务，由于多种模态间的情感信号会相互影响，我们可以整理出各种相关任务，在多任务学习的框架下进行研究。具体的任务包括：文本中的评价对象抽取（Task1）、文本中的评价词/短语抽取（Task2）、多模态情感分类（Task3）、图像中的情感相关实体抽取（Task4）和图像中的面部信号抽取（Task5）。

　　如图 6-16 所示，Task1~Task5 这 5 个任务进行联合学习，可以使文本模态和图像模态中的情感信号在参数层面进行交互和共享，共同提升各个任务的学习能力。我们可以通过两种方式尝试多任务学习的方法：一种方式是共享参数，可促使各个单模态情感要素抽取任务及多模态情感要素整合任务之间相互影响，从而促进情感分类主任务效果的提升；另一种方式是注意力机制的使用，即评价词/短语对图像中情感相关实体或面部信号的影响、评价对象对评价词/短语的影响等各种模态内部和模态间的注意力机制的使用。

　　（2）多模态细粒度情感要素的整合

　　多模态细粒度情感要素的整合实际上是对无结构化的多模态数据进行结构化的过程，其重点是文本中的评价对象和图像中的情感相关实体二者之间的去重和消歧等操作，具体包括以下内容。

- 评价对象去重。来自图像和文本的评价对象相同，需要进行去重。

- 评价对象聚类。来自图像和文本的评价对象语义相同，但用词不同，需要进行聚类或消歧。

- 来自不同模态的评价对象和评价词的配对。例如，若评价对象来自图像、评价词来自文本，则需要判断该评价词是否在描述这个评价对象。此方法可以去除来自图像的不合适的评价对象。

- 评价表达聚类。例如，来自文本的评价词"讨厌"和来自图像的情感元素"皱眉"代表同一情感语义。

（3）多模态细粒度情感计算语料库的构建

多模态细粒度情感计算的研究需要高质量的语料数据支持。对于面向图文多模态数据的细粒度情感计算任务，现有的工作普遍只针对文本模态进行了细粒度标注，而忽视了图像模态中的细粒度情感要素。基于此，我们可以构建新的多模态细粒度情感计算语料库。

该语料库的原始数据收集自去哪儿网酒店业务中的用户真实评论信息，每条数据都包含一条评论文本以及多张相关图片。我们标注了 5 万条图文数据对，使用 Fast R-CNN 工具自动获取图片的实体，并使用 OpenFace 工具自动获取图片中的人脸情感信号。我们聘请了专业的数据标注志愿者参与细粒度的情感标注，重点结合图文信息标注多模态场景下的评价对象、评价对象类别、评价词/短语以及情感类别。其中，情感类别标注为 4 类，分别是积极、中性、消极、无情感。如图 6-17 所示，评价对象全部来自图像模态，评价词/短语则来自文本模态，它们的总体情感是积极情感。

评价对象	评价对象类别	评价词/短语	情感类别
床	房间设施	舒服、不错	积极
水果	餐饮设施	不错	积极

图 6-17　多模态细粒度情感计算语料库标注实例

多模态细粒度情感计算语料库能够为后续深入探究和发掘多模态数据中的情感信息提供数据支撑。通过少量标注，我们对标注数据进行了统计和分析，发现文本模态中的隐式评价类别比例占到总数的 30% 左右。隐式评价是限制从文本的单模态角度进行情感要素提取及情感分类的较大阻碍，若通过结合图像信息进行补全，能够有效提高情感计算的效果。

此外，我们发现不同志愿者对于图像中蕴含的情感信息判断有明显差异。通过分析图像及不同志愿者标注的信息可以发现，图像中的实体信息更多的是对客观事实的反映，而人们基于自身认知对于客观事物的情感判断有较大主观性，因此会出现较大偏差。对于图像信息中出现了人物表情、动作等肢体语言的数据，志愿者对于相应情感信息的判断则较为一致。由此可见，人类面部表情是图像模态中情感表达的特殊对象，能够反映出情感信息。这也从侧面得出结论，即图像主要提供的是实体信息，而只有出现人类相关信息（如人的面部表情）的时候才能提供潜在的情感信息。

3. 基于细粒度情感要素的多模态情感语义消歧

通过对多模态数据进行细粒度情感要素的抽取和整合，大部分多模态数据的情感类别显而易见。然而通过分析可以发现，文本模态中有一类隐式情感评论（占比约为30%），由于难度大，很难自动从文本模态和图像模态中抽取相关情感要素。这使得不同模态的情感语义不同，与同一场景下的多模态数据的情感语义是唯一的结论相悖，因此需要进行情感消歧。

目前多模态情感计算的相关算法大多建立在深度学习的端到端的学习框架上，相应的研究焦点也集中于多模态信息融合及多模态对齐等异构数据融合环节。整个学习框架近似黑盒，性能提升与否的可解释性较差，影响算法改进的效率。对多模态情感计算的算法而言，各模态提供的细粒度情感要素可以提供消歧及分类的线索，对提升算法的性能大有助益。因此，有效利用多模态细粒度情感要素以进行情感消歧及分类，是相关研究的重要突破口。

隐式情感一般在多模态场景下表现为模态间情感语义的不一致性，如图 6-11b 所示。这里主要解决两种不一致性问题：一种是多模态反讽识别，如图 6-11b 的左图所示，文本是反讽的隐式情感，直接表现为图文模态的情感语义冲突；另一种是多模态场景下的事实类的隐式情感识别，即文本中不曾出现表达情感的要素，而图像或者其他模态中存在一定的情感线索，可帮助消除歧义，如图 6-11b 的右图所示。多模态细粒度情感要素的抽取和整合的结果可以为情感语义消歧提供有针对性的推理证据。例如：可以通过捕捉表达积极情感的词语（如"精彩"等）与表达消极的面部情感信号

（如"皱眉"等）或者语调之间的冲突来更有效地识别反讽。因此，帮助模型进行反讽识别的研究步骤可分为：识别出输入模态中的细粒度情感信息，如文本中的情感词以及图像模态中的脸部运动单元；对积极情感词的位置进行冲突捕捉；将冲突信息融入模型中。

6.5.4　多模态细粒度情感计算的特色

多模态细粒度情感计算模式的特色在于根据多模态情感表达的特点，以人类情感处理过程为指导，设计了深层次的多模态情感计算技术框架——多模态细粒度情感计算技术框架。该框架通过情感语义表示、细粒度要素抽取与整合、情感消歧及分类等步骤由浅到深地进行情感计算。在对多模态情感表达建立表示的基础上，该框架能够进一步识别各个模态中的细粒度情感相关要素，通过整合、推理和消歧等技术手段实现对多模态情感的全面和深层理解，主要体现在以下 4 个方面。

1. 提出了多模态场景下的情感语义表示预训练模型

与自然语言处理领域的其他任务相比，情感计算的出发点和核心算法都是围绕"情感"而开展。为了兼顾多模态场景下的语义和情感，预训练模型可以融合多模态场景下的情感语义表示。该模型能够分析来自多个模态的情感信号，并研究将这些信号有效融入预训练任务的方法，将对多模态情感计算的下游任务起到非常重要的支撑作用。

2. 提出了基于多任务学习的多模态细粒度情感要素抽取方法

为了更深入地进行多模态情感计算，探知来自不同模态的影响情感的细粒度情感要素是不可或缺的研究任务，而截至本书成稿之日，与之相关的研究尚不多见。我们发现，在语义丰富的文本模态内部，各个细粒度情感要素有较强的关联，如评价词修饰评价对象、距离较近等；在不同模态间，各个细粒度情感要素也有映射关系，如图像中的某个实体辅助文本中的评价对象的识别等。这种模态内和模态间的细粒度情感要素的抽取及其之间的映射可以用多任务学习得到很好的解决。

3. 提出了基于细粒度情感要素的情感消歧及分类算法

多模态场景下的模态之间的情感不一致是多模态情感表达中比较突出的问题，会影响情感分类的准确性。现有的研究将其看作多模态场景下情感分类任务，大多基于多模态语义表示进行端到端的神经网络分类算法研究，而缺乏类人情感处理过程中对来自不同模态的细粒度情感元素的利用。为此，我们综合利用从各个模态中抽取的细粒度情感要素进行了算法研究，使情感消歧及分类过程有显式的细粒度情感要素的参与，从而使得情感判断更有据可依，向类人情感处理进一步靠近。

4. 构建了面向图文多模态数据的细粒度情感计算数据集

为了支撑深层次多模态情感计算，我们创新地构建了一套多模态细粒度情感计算数据集。为了减少标注的代价，我们选取了图文的多模态数据形式。这套数据集明确标注了来自不同模态的情感要素及情感要素间的映射，以及对应的情感。这将为多模态细粒度情感计算的开展提供高质量平台。

6.6　未来模式对多模态情感对话机器人的影响

对于情感对话机器人而言，多模态场景带来的最大变化是更广的信息源。在面向文本的情感对话机器人的情感管理部分，人们要考虑的话题、人物性格等特征均可以表现为语言的细粒度特征。对于多模态情感对话机器人，上述细粒度特征的来源则扩大到语音和图像等模态中，如语音中的语调以及图像中的面部表情、微表情等。基于此，多模态细粒度情感计算这种新的模式将非常有助于多模态情感对话机器人的研制，而细粒度语义表示和抽取等关键算法无疑将会是多模态情感对话机器人的核心。

截至本书成稿之日，基于这种新模式的多模态情感计算方法还不多见，尚无相关算法应用于多模态情感对话机器人系统中，因此这是情感对话研究的一片"蓝海"。该方向有以下研究点非常值得深入关注。

（1）针对对话场景，多模态有哪些值得关注的细粒度特征？

（2）多模态的细粒度特征会对情感对话的 3 个子任务的算法实现有所影响，如何改进多模态场景下的情感对话算法值得探究。

（3）"对话""多模态""情感"可以看作 3 个重要的独立研究点，相关的算法如何融会贯通、相互借力？

（4）开放域或者限定域对话的多模态细粒度语料构建。

6.7　本章小结

情感计算正在经历从挖掘单一模态情感信息逐步向挖掘及汇总多模态情感信息转变的过程。深度学习模型的广泛应用打破了自然语言、图像、语音 3 个领域表示间的屏障，这无疑加速了多模态情感计算的发展。在这个转变过程中，如何精准挖掘每个单一模态的情感信息，如何汇总、融合这些情感信息，以及如何结合一定场景进行任务重定义和重建模将会是研究的重点。

本章详细规划了多模态情感计算的研究任务框架，介绍了相关研究背景和技术基础，并对多模态情感对话的关键技术，如多模态情感分类、多模态情感消歧和多模态细粒度情感计算，进行了详细论述。

本章还对多模态情感计算面临的研究挑战进行了分析，并对未来研究方向进行了规划和展望。我们认为，对多模态情感计算的研究刚刚起步，还有大量问题值得我们深入思考。此外，该研究距离应用很近，是对真实场景下的深层次情感计算的探索，可以与很多其他学科进行交叉，对提升机器处理情感的类人化有重要意义。

参考文献

[1]　Bisk Y, Holtzman A, Thomason J, et al. Experience Grounds Language ［C］// Proceedings of the 2020 Conference on Empirical Methods in Natural Language Processing（EMNLP）.［S. l.］: Association for Computational Linguistics, 2020: 8718-8735.

[2]　Haque A, Guo M, Miner A S, et al. Measuring Depression Symptom Severity from Spoken Language and 3D Facial Expressions ［Z/OL］.（2018-11-27）［2021-10-30］. arXiv: 1811. 08592.

[3]　Paul Mc Kevitt. MultiModal Semantic Representation ［C］// Tilburg University. First Working Meeting of the SIGSEM Working Group on the Representation of MultiModal Semantic Information. Tilburg: Tilburg University, 2003: 1-16.

[4]　Mikolov T, Chen K, Corrado G, et al. Efficient Estimation of Word Representations in Vector Space ［Z/OL］.（2013-9-7）［2021-10-30］. arXiv: 1301. 3781.

[5]　Peters M E, Neumann M, Iyyer M, et al. Deep Contextualized Word Representations ［C］// Proceedings of the 2018 Conference of the North American Chapter of the Association for Computational Linguistics: Human Language Technologies.［S. l.］: Association for Computational Linguistics, 2018: 2227-2237.

[6]　Devlin J, Chang M W, Lee K, et al. BERT: Pre-training of Deep Bidirectional Transformers for Language Understanding ［C］// Proceedings of the 2019 Conference of the North American Chapter of the Association for Computational Linguistics: Human Language Technologies.［S. l.］: Association for Computational Linguistics, 2019: 4171-4186.

[7]　Simonyan K, Zisserman A. Very Deep Convolutional Networks for Large-scale Image Recognition ［Z/OL］.（2014-9-4）［2021-10-30］. arXiv: 1409. 1556.

[8] Barsoum E, Zhang C, Ferrer C C, et al. Training Deep Networks for Facial Expression Recognition with Crowd-sourced Label Distribution [C]// Proceedings of the 18th ACM International Conference on Multimodal Interaction. New York: ACM, 2016: 279-283.

[9] Liu A T, Yang S, Chi P H, et al. Mockingjay: Unsupervised Speech Representation Learning with Deep Bidirectional Transformer Encoders [C]// ICASSP 2020-2020 IEEE International Conference on Acoustics, Speech and Signal Processing (ICASSP). Berlin: IEEE, 2020: 6419-6423.

[10] Li L, Chen Y C, Cheng Y, et al. Hero: Hierarchical Encoder for Video + Language Omnirepresentation Pre-training [C]// Proceedings of the 2020 Conference on Empirical Methods in Natural Language Processing (EMNLP). [S. l.]: Association for Computational Linguistics, 2020: 2046-2065.

[11] Snoek C G M, Worring M, Smeulders A W M. Early Versus Late Fusion in Semantic Video Analysis [C]// Proceedings of the 13th Annual ACM International Conference on Multimedia. New York: ACM, 2005: 399-402.

[12] Guo W, Wang J, Wang S. Deep Multimodal Representation Learning: A Survey [J]. IEEE Access, 2019, 7: 63373-63394.

[13] Zadeh A, Chen M, Poria S, et al. Tensor Fusion Network for Multimodal Sentiment Analysis [C] // Proceedings of the 2017 Conference on Empirical Methods in Natural Language Processing. [S. l.]: Association for Computational Linguistics, 2017: 1103-1114.

[14] Liu Z, Shen Y, Lakshminarasimhan V B, et al. Efficient Low-rank Multimodal Fusion With Modality-Specific Factors [C]// Proceedings of the 56th Annual Meeting of the Association for Computational Linguistics. [S. l.]: Association for Computational Linguistics, 2018: 2247-2256.

[15] Hazarika D, Zimmermann R, Poria S. MISA: Modality-invariant and -specific Representations for Multimodal Sentiment Analysis [C]// Proceedings of the 28th ACM International Conference on Multimedia. New York: ACM, 2020: 1122-1131.

[16] Chen M, Wang S, Liang P P, et al. Multimodal Sentiment Analysis with WordLevel Fusion and Reinforcement Learning [C]// Proceedings of the 19th ACM International Conference on Multimodal Interaction. New York: ACM, 2017: 163-171.

[17] Wang Y, Shen Y, Liu Z, et al. Words Can Shift: Dynamically Adjusting Word Representations Using Nonverbal Behaviors [C]// Proceedings of the AAAI Conference on Artificial Intelligence. CA: AAAI, 2019, 33 (1): 7216-7223.

[18] Rahman W, Hasan M K, Lee S, et al. Integrating Multimodal Information in LargePretrained Transformers [C]// Proceedings of the 58th Annual Meeting of the Association for Computational Linguistics. [S. l.]: Association for Computational Linguistics, 2020: 2359-2369.

［19］ Tsai Y H, Bai S, Liang P P, et al. Multimodal Transformer for Unaligned Multimodal Language Sequences ［C］// Proceedings of the 57th Annual Meeting of the Association for Computational Linguistics. ［S. l. ］: Association for Computational Linguistics, 2019: 6558-6569.

［20］ Cao D, Ji R, Lin D, et al. A Cross-media Public Sentiment Analysis System for Microblog ［J］. Multimedia Systems, 2016, 22 (4): 479-486.

［21］ You Q, Cao L, Jin H, et al. Robust Visual-textual Sentiment Analysis: When Attention Meets Tree-structured Recursive Neural Networks ［C］// Proceedings of the 24th ACM International Conference on Multimedia. New York: ACM, 2016: 1008-1017.

［22］ Truong Q T, Lauw H W. Vistanet: Visual Aspect Attention Network for Multimodal Sentiment Analysis ［C］// Proceedings of the AAAI Conference on Artificial Intelligence. California: AAAI Press, 2019, 33 (1): 305-312.

［23］ Ju X, Zhang D, Li J, et al. Transformer-based Label Set Generation for Multi-modal Multi-label Emotion Detection ［C］// Proceedings of the 28th ACM International Conference on Multimedia. New York: ACM, 2020: 512-520.

［24］ Lian Z, Tao J, Liu B, et al. Context-dependent Domain Adversarial Neural Network for Multimodal Emotion Recognition ［C］// INTERSPEECH. ［S. l. ］: ISCA, 2020: 394-398.

［25］ Zhou S, Jia J, Wang Y, et al. Emotion Inferring from Large-scale Internet Voice Data: A Multimodal Deep Learning Approach ［C］// 2018 First Asian Conference on Affective Computing and Intelligent Interaction (ACII Asia). Berlin: IEEE, 2018: 1-6.

［26］ Liang P P, Liu Z, Tsai Y H, et al. Learning Representations from Imperfect Time Series Data via Tensor Rank Regularization ［C］// Proceedings of the 57th Annual Meeting of the Association for Computational Linguistics. ［S. l. ］: Association for Computational Linguistics, 2019: 1569-1576.

［27］ Morency L P , Mihalcea R , Doshi P. Towards Multimodal Sentiment Analysis: Harvesting Opinions from the Web ［C］// Proceedings of the 13th International Conference on Multimodal Interfaces. NY: ACM, 2011: 169-176.

［28］ Zadeh A B, Liang P P, Poria S, et al. Multimodal Language Analysis in the Wild: CMU-MOSEI Dataset and Interpretable Dynamic Fusion Graph ［C］// Proceedings of the 56th Annual Meeting of the Association for Computational Linguistics. ［S. l. ］: Association for Computational Linguistics, 2018: 2236-2246.

［29］ Riloff E, Qadir A, Surve P, et al. Sarcasm as Contrast between a Positive Sentiment and Negative Situation ［C］// Proceedings of the 2013 Conference on Empirical Methods in Natural Language Processing. ［S. l. ］: Association for Computational Linguistics, 2013: 704-714.

［30］ Xiong T, Zhang P, Zhu H, et al. Sarcasm Detection with Self-matching Networks and Low-Rank Bilinear Pooling ［C］// The World Wide Web Conference.New York: ACM, 2019: 2115-2124.

［31］ Cheang H S, Pell M D. The Sound of Sarcasm ［J］. Speech Communication, 2008, 50（5）: 366-381.

［32］ Castro S, Hazarika D, Pérez-Rosas V, et al. Towards Multimodal Sarcasm Detection ［C］// Proceedings of the 57th Annual Meeting of the Association for Computational Linguistics. ［S. l.］: Association for Computational Linguistics, 2019: 4619-4629.

［33］ Cai Y, Cai H, Wan X. Multi-modal Sarcasm Detection in Twitter with Hierarchical Fusion Model ［C］// Proceedings of the 57th Annual Meeting of the Association for Computational Linguistics. ［S. l.］: Association for Computational Linguistics, 2019: 2506-2515.

［34］ Tang H, Ji D, Li C, et al. Dependency Graph Enhanced Dual-transformer Structure for Aspect-based Sentiment Classification ［C］// Proceedings of the 58th Annual Meeting of the Association for Computational Linguistics. ［S. l.］: Association for Computational Linguistics, 2020: 6578-6588.

［35］ Qian S, Zhang T, Xu C. Multi-modal Multi-view Topic-opinion Mining for Social Event Analysis ［C］// Proceedings of the 24th ACM International Conference on Multimedia. New York: ACM, 2016: 2-11.

［36］ Xu N, Mao W, Chen G. Multi-interactive Memory Network for Aspect Based Multimodal Sentiment Analysis ［C］//AAAI. Proceedings of the AAAI Conference on Artificial Intelligence. California: AAAI Press, 2019, 33（1）: 371-378.

［37］ Yu J, Jiang J. Adapting Bert for Target-oriented Multimodal Sentiment Classification ［C］// Proceedings of the Twenty-eighth International Joint Conference on Artificial Intelligence. CA: Morgan Kaufmann, 2019: 5408-5414.

第 7 章
情感对话机器人的语料资源

在深度学习迅速发展的时代，有指导的学习算法是主流。众所周知，深度学习算法依赖大语料和大算力，对于深度学习时代的情感对话机器人而言，任务相关的标注语料和大规模无标注语料是必不可少的资源。

如本书前几章所述，情感对话机器人按照所处场景可分为单模态（即文本模态）情感对话机器人以及多模态情感对话机器人。相应地，语料资源也可分为单模态数据集和多模态数据集两种。

7.1 单模态数据集

这里的单模态特指文本模态。本章介绍 9 种常用的文本情感对话数据集，它们的内容来源可分为以下 3 类。

（1）日常对话：日常生活场景中的对话内容非常丰富，涵盖日常生活中的方方面面。本章介绍 DailyDialog 数据集和 EmoContext 数据集这两种日常对话数据集。

（2）影视剧对话：影视剧中充斥了大量的人物对话，且富有情感，因此来源丰富且规模庞大。这类数据集中通常是截取的固定片段。本章介绍 EmotionLines 数据集、Cornell Movie Dialogs 数据集、EmoryNLP 数据集和 OpenSubtitles 数据集这 4 种影视剧对话数据集。

（3）社交媒体回复：社交媒体平台（微博、Twitter、豆瓣等）中的评论或回复非常多。这类数据集的数据量通常巨大，由主帖和回帖构成，符合单轮对话的属性。本章介绍 STC 数据集、Twitter 数据集和 RumourEval 2019 数据集这 3 种社交媒体回复对话数据集。

7.1.1　日常对话数据集

日常对话数据集是非常适合聊天机器人相关任务的数据集，这里重点介绍 DailyDialog 数据集和 EmoContext 数据集。

1. DailyDialog 数据集

DailyDialog 数据集[1]适用于对话情感识别和对话情感回复生成任务，是一个高质量多轮对话数据集。对话内容来源于从各英文网站抓取的原始数据，这些网站为英语学习者在日常生活中练习英语对话提供素材。这也是该数据集命名为 DailyDialog 的原因。

该数据集中的对话保留了 3 个值得关注的特性。第一，DailyDialog 数据集中的对话语句内容是人工编写的，因此更正式、更接近真实语境下的对话，且噪声小；第二，DailyDialog 数据集中的对话往往集中在某个主题和特定的语境下，因此对话的内容更加集中，情感与主题的关联更加密切；第三，DailyDialog 数据集中的对话通常在一个合理的对话轮数之后结束，平均每段对话有大约 8 轮交互，更适合训练对话模型。为了进一步保证数据集的质量，该数据集对原始数据进行了去重操作，过滤了涉及两方以上（3 个或更多说话者）的对话，并使用工具自动更正了拼写错误。表 7-1 为 DailyDialog 数据集的统计数据。图 7-1 为 DailyDialog 数据集中的一条示例。

表 7-1　DailyDialog 数据集的统计数据

属　　性	数　　值
对话数	13, 118 段
每段对话的平均轮数	7.9 轮
每段对话的平均词语数	114.7 个
每个话语的平均词语数	14.6 个

主题：日常生活
A: I am worried about something. [沮丧]
B: What is that? [中性]
A: Well, I have to drive to school for a meeting this morning, and I am going to end up getting stuck in rush-hour traffic. [沮丧]
B: That is annoying, but nothing to worry about. Just breathe deeply when you feel yourself getting upset. [中性]
A: Ok, I' ll try that. [中性]

图 7-1　DailyDialog 数据集中的一个示例

该数据集中的每一段对话都有一个主题标签，共有 10 类主题，基本涵盖了人们生活的各个方面。对话中每一个话语都被标注了情感标签，包括愤怒（Anger）、厌恶（Disgust）、恐惧（Fear）、喜悦（Happiness）、沮丧（Sadness）、惊讶（Surprise）和中性（Neutral）共 7 类。该数据集的情感标签和主题标签的分布情况如图 7-2 所示。其中，情感标签中"中性"的占比过大，图中未作展示。

同时，该数据集还为话语标注了对话行为标签，分为 4 类：通知（Inform）、问询（Questions）、承诺（Directives）和指示（Commissive）。Inform 表示说话者提供信息的所有陈述和问题；当说话者想知道某事并寻求一些信息时，用 Questions 来表示；Directives

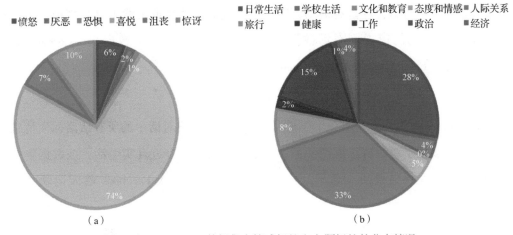

图 7-2　DailyDialog 数据集中情感标签和主题标签的分布情况

（a）情感标签分布　　（b）主题标签分布

表示是指对话行为，如请求、指示、建议和接受/拒绝提议；Commissive 类表示与接受/拒绝请求或建议有关。

DailyDialog 数据集具有数据规模大的优点，但中性情感标签占比过高，而大部分研究人员在此数据集上进行实验时会对其进行剔除。

2. EmoContext 数据集

EmoContext 数据集[2] 是一个纯文本双人对话数据集，每段对话由 3 个话语构成。相关统计数据见表 7-2。EmoContext 数据集中的对话及情感标签示例如图 7-3 所示。

表 7-2　EmoContext 数据集统计数据

属　　性	数　　值
对话数	38,421 段
对话语句数	115,263 个

图 7-3　EmoContext 数据集中对话及情感标签示例

在每段对话的 3 条语句中，仅最后一句有情感标签，共标注了 4 类情感：喜悦（Happiness）、沮丧（Sadness）、愤怒（Anger）和其他（Other）。尽管该数据集的数据规模较大，但由于对话长度过短和仅标注了最后一句的情感，其在对话情感识别任务中的应用较少。

7.1.2 影视剧对话数据集

影视剧对话数据集是情感对话机器人领域数据量非常丰富的一类数据集。影视剧中充斥了大量的人物对话，且富有情感，因此这类数据集的数据来源丰富且规模庞大。本小节介绍 4 种常见的影视剧对话数据集，分别是 EmotionLines 数据集、Cornell Movie Dialogs 数据集、EmoryNLP 数据集和 OpenSubtitles 数据集。

1. EmotionLines 数据集

EmotionLines 数据集[3]是第一个仅根据文本内容为每段对话中的所有话语标注情感标签的数据集，多用于对话情感识别任务。为了使对话更加接近真实生活，该数据集中的对话内容来源于经典电视剧《老友记》（多人对话）和私人 Facebook 聊天记录（双人对话）。

对于《老友记》对话数据，该数据集首先将取得的该电视剧内容脚本分成若干集，把每一集中的每个场景都看作一段对话；然后，将收集到的对话根据对话长度（即对话中的话语数量）分为 4 类，长度范围为 [5,9]、[10,14]、[15,19] 和 [20,24]；最后，从每个类别中随机抽取 250 段对话来构建一个包含 1000 段对话的数据集。

私人 Facebook 聊天记录数据来源于 EmotionPush 应用程序。对于其中的私人对话，该数据集假设对话持续时间不超过 30min，并且将时间间隔小于 300s 的消息放在同一段对话中。最后，该数据集使用与获取《老友记》数据的脚本相同的程序将对话进行分类和采样，从 EmotionPush 聊天记录中获得了 1000 段对话。

EmotionLines 数据集的统计数据见表 7-3，数据示例如图 7-4 所示。

表 7-3　EmotionLines 的统计数据

属　　性	数　　值
对话数	2000 段
话语数	29,245 个
每段对话平均轮数	14.53 轮
每条话语平均长度（即平均词语数）	8.61 个

说话者	Rachel
话语	Hi Joey! What are you doing here?
情感	愉悦
说话者	Joey
话语	Uhh, well I have got an audition down the street and I spilled sauce.
情感	中性
说话者	Rachel
话语	Yeah, sure. Umm...here.
情感	中性

图 7-4　EmotionLines 数据集中的数据示例

在 EmotionLines 数据集中，每段对话的标注由 5 个标注者完成。对于对话中的每个话语，获得最高票数的情感被设置为该话语的真实情感标签，带有两种以上不同情感的话语则被归入非中性类别。该数据集中共标注了 7 类情感：中性（Neutral）、喜悦（Happiness）、惊讶（Surprise）、沮丧（Sadness）、愤怒（Anger）、厌恶（Disgust）和恐惧

（Fear），其中非中性情感占比为 44.5%。

2. Cornell Movie Dialogs 数据集

Cornell Movie Dialogs 数据集[4]是对话情感回复生成任务中常用的数据集，其内容是由康奈尔大学收集的电影对话语料。在进行数据集的构建时，用于对话分析和重复脚本检测的元数据主要来源于电影脚本与互联网电影资料库（Internet Movie Database，IMDb）的自动匹配。通过过滤和清理，该数据集最终包含了 617 部独特的电影，均标记了电影类型、发行年份、演员表和 IMDb 信息，内容涉及这 617 部电影中的 9035 个角色。该数据集的统计数据见表 7-4，数据示例如图 7-5 所示。该数据集的数据质量较高，但缺点是无人工情感标签。

表 7-4　Cornell Movie Dialogs 数据集基本统计数据

属　　性	数　　值
对话数	220, 579 段
话语数	10, 292 个

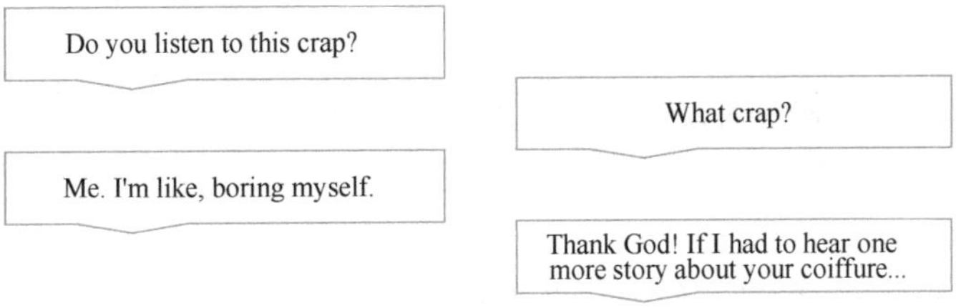

图 7-5　Cornell Movie Dialogs 数据集中的数据示例

3. EmoryNLP 数据集

EmoryNLP 数据集[5]常用于对话情感识别任务，其中的对话内容同样来自经典影视剧《老友记》，包含 97 个剧集、897 个场景和 12,606 个句子。其中，对话场景中每个话语的情感标签都由 4 名工作人员进行标注，他们被要求选择与该话语相关的最相关的情感。同时，为了分配合适的预算，语料库被分为 4 批，其中每批中所有场景的话语数量都限于 [5,10)、[11,15)、[15,20) 和 [20,25]。EmoryNLP 数据集共标注了 7 类情感，分别是沮丧（Sad）、愤怒（Mad）、恐惧（Scared）、有力（Powerful）、平静（Peaceful）、愉悦（Joyful）和中性（Neutral）。各情感标签的分布情况见表 7-5。其中，两种最主要的情感标签（Joyful 和 Neutral）数量占到了整个数据集中情感标签总数的 50% 以上，这似乎并不平衡，但考虑到《老友记》是一部经典喜剧，这种标签分布还是可以理解的。然而，当考虑粗粒度的三分类情感时，积极（Positive）、消极（Negative）和中性（Neutral）的占比分别为 40%、30% 和 30%，是一个更加平衡的分布。

表 7-5　EmoryNLP 数据集中情感标签的分布情况

三分类	七分类	比例（%）
中性	中性	29.95
积极	愉悦	21.85
	平静	9.44
	有力	8.43
消极	恐惧	13.06
	愤怒	10.57
	沮丧	6.70

该数据集的示例以及标注过程如图 7-6 所示。

说话者	对话语句	A1	A2	A3	A4
Monica	He is so cute. So , where did you guys grow up ?	Peaceful	Joyful	Joyful	Joyful
Angela	Brooklyn Heights.	Neutral	Neutral	Neutral	Neutral
Bob	Cleveland.	Neutral	Neutral	Neutral	Neutral
Monica	How, how did that happen ?	Peaceful	Scared	Neutral	Neutral
Joey	Oh my god.	Joyful	Sad	Scared	Scared
Monica	What ?	Neutral	Neutral	Neutral	Neutral
Joey	I suddenly had the feeling that I was falling. But I' m not.	Scared	Scared	Scared	Scared

图 7-6　EmoryNLP 数据集的示例及标注过程

对于标注过程中不同标签的处理，该数据集的作者提出了一种投票/排名方案，允许为具有不一致标签的话语分配适当的标签。给定来自 4 位标注者的标签（记为 a_1、a_2、a_3、a_4），首先将数据集分为 5 部分，见表 7-6。

表 7-6　EmoryNLP 数据集划分

划分规则	话语数（个）	比例（%）
$a_1=a_2=a_3=a_4$	778	6.17
$(a_1=a_2=a_3) \wedge (a_1 \neq a_4)$	5774	45.80
$(a_1=a_2) \wedge (a_1 \neq a_3) \wedge (a_1 \neq a_4)$	2991	23.73
$(a_1=a_2) \wedge (a_3=a_4)$	1879	14.91
$\forall_{i,j \in [1,4]} (a_i \neq a_j) \wedge (i \neq j)$	1184	9.39

对于表中的前 3 个划分规则，来自多数票的标注被认为是真实标签。然后，通过将一个标注者的标签与真实标签进行比较来测量每个标注者的最小绝对误差（Least Absolute Error，LAE）。对于最后两个划分，由具有 LAE 的标注者标注的标签被选为真实标签。使

用这个方案，该数据集中 75.5% 的话语可以通过投票确定性地得到真实标签，其余的话语可以通过对标注者 LAE 值进行由小到大的排名进行分配。

4. OpenSubtitles 数据集

OpenSubtitles 数据集[6] 是一个多语言的电影字幕数据库，由庞大的电影和电视剧集字幕数据组成，共涵盖 152,939 部电影或电视剧集，包含 1689 个双语文本，涵盖 60 种语言的 26 亿个句子。其中，70% 的内容与至少 2 种语言的字幕有关，44% 的内容与至少 5 种语言有关，28% 的内容与至少 10 种语言有关，8% 的内容与至少 20 种语言有关。

该数据集还包括中英文双语字幕，即同时显示这两种语言的字幕。在构建该数据集的过程中，这些双语字幕被分成两种语言分别进行处理。此外，该数据集对字幕的预处理和对齐进行了许多改进，如自动更正光学字符识别（Optical Character Recognition，OCR）错误以及使用元数据来估计每条字幕和字幕对的质量。在对字幕进行预处理后，该数据集的作者还使用了基于时序的方法来对不同语言的字幕进行对齐，从而形成一个平行语料库。OpenSubtitles 数据集的示例如图 7-7 所示。

```
There are spirits ...
They are all around us ...
到处都是幽灵，它们就在我们周围

They have driven me from health and home,
from wife and child ...
它们驱使我远离健康和家庭，远离妻子和孩子

What she and I have lived through is
stranger still than what you have lived through.
我与她的经历比你的经历离奇多了。

I will tell you about it.
我给你讲讲这段经历。
```

图 7-7　OpenSubtitles 数据集的示例

OpenSubtitles 数据集是对话情感回复生成任务中常用的数据集之一，优点是数据规模巨大，缺点是噪声大且无人工情感标签。

7.1.3　社交媒体回复数据集

除了日常对话数据集和影视剧对话数据集，还有一类来自社交媒体平台（微博、Twitter、豆瓣等）的数据集。这类数据集不属于实际意义上的人人对话，但是由于主帖和回帖拥有对话的回复和轮次的属性，且数据量巨大，得到很多研究人员的关注和使用。这类数

据集主要包括短文本对话（Short-Text Conversation，STC）数据集、Twitter 数据集等。

1. STC 数据集

STC 数据集[7]主要用于对话情感回复生成任务，是一个百万规模新浪微博中文数据集，由问题和回复组成，可视为单轮对话数据集。该数据集的构建过程：首先爬取数亿个问题-回复对，然后按照 3 条准则清理原始数据。这 3 条准则为：删除不重要的回复，如"哇"等语气词；过滤掉潜在的广告；仅保留前 30 个回复，以保持主题一致性。STC 数据集的统计数据见表 7-7，数据示例如图 7-8 所示。

表 7-7　STC 数据集的统计数据

属　　性	数　　值
问题数	219,905 个
回复数	4,308,211 个
问题-回复对数	4,435,959 个
每个问题的平均回复数	20 个

问题	为什么意大利禁区里老是八个人？
回复1	这正是意大利式防守足球。
回复2	太夸张了吧！
回复3	我是意大利球迷，等待比赛开始。

图 7-8　STC 数据集中的一条数据示例

STC 数据集的优点是数据规模大，缺点是无人工情感标签，需要借助情感分类器自动标注，因此数据质量一般。

2. Twitter 数据集

Twitter 数据集[8]中的数据是从社交网站 Twitter 上获取的带 emoji 表情的对话，适用于对话情感回复生成任务，由问题和回复组成。该数据集可视为单轮对话数据集，共 66 万段对话，以 64 种 emoji 标签作为句子的情感标签。该数据集的构建过程：该数据集作者在 Twitter 上抓取了由原始帖子及其回复组成的对话，并且要求对话中的回复必须至少包含 64 个 emoji 标签中的一个。对于原始帖子及其回复，该数据集只收集没有多媒体内容（如 URL、图像或视频）的英文内容，并且如果原始帖子包含的单词少于 3 个，则该对话不包含在数据集中。图 7-9 给出 64 个 emoji 标签图标以及对应的句子数量。

该数据集使用句子中的 emoji 表情作为句子的情感标签，共有 64 种标签。如果一个句子中有多种表情符号，将使用出现次数最多的 emoji 表情作为该句的标签；如果一个句子中多种表情符号的出现次数相同，则在这几种表情符号中选择整个语料库中出现频率最低的那一种，因为该数据集的作者假设使用不那么频繁的 emoji 表情可以更好地代表说话者想要传递的情感。Twitter 数据集中的一条数据示例如图 7-10所示，其中"After"是指经过数据清洗操作后的句子。

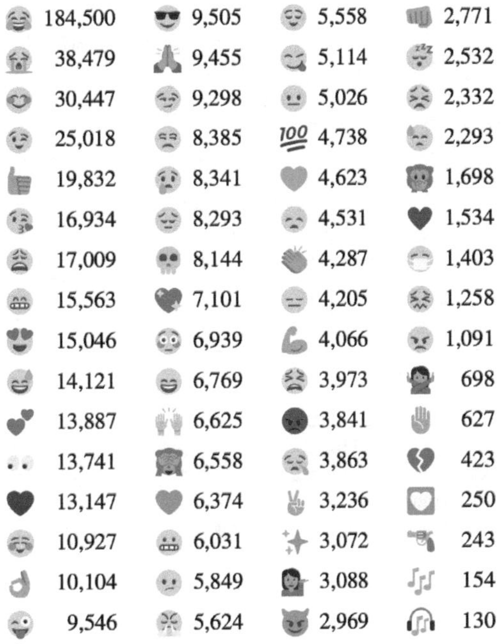

😂	184,500	😎	9,505	😗	5,558	👎	2,771
😭	38,479	🙏	9,455	😚	5,114	😤	2,532
😊	30,447	😏	9,298	😐	5,026	😖	2,332
😌	25,018	😞	8,385	💯	4,738	😟	2,293
👍	19,832	😢	8,341	❤️	4,623	😧	1,698
😘	16,934	😨	8,293	😿	4,531	😦	1,534
😩	17,009	💀	8,144	👏	4,287	😶	1,403
😁	15,563	💜	7,101	😾	4,205	😣	1,258
😍	15,046	😶	6,939	💪	4,066	😠	1,091
😆	14,121	😄	6,769	😫	3,973	🧑	698
💕	13,887	🙌	6,625	😥	3,841	✋	627
👀	13,741	🙆	6,558	😩	3,863	💔	423
❤️	13,147	💓	6,374	✌️	3,236	💟	250
😷	10,927	😬	6,031	✨	3,072	💦	243
👌	10,104	😠	5,849	🙅	3,088	🎵	154
😇	9,546	😈	5,624	😼	2,969	🎧	130

图 7-9　64 个 emoji 标签以及每个标签标注的句子数量

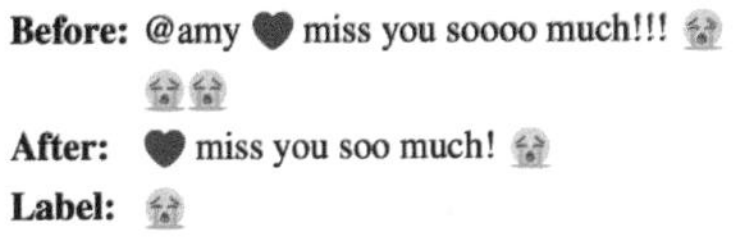

Before: @amy 💜 miss you soooo much!!! 😭😭😭

After: 💜 miss you soo much! 😭

Label: 😭

图 7-10　Twitter 数据集中的一条数据示例

3. RumourEval 2019 数据集

RumourEval 2019 数据集[9]是在 2019 年的 RumourEval 评测任务基础上提出的谣言检测和立场识别数据集，由社交媒体中可疑的帖子和随后的对话组成，并对其立场和真实性进行了标注。该数据集中社交媒体的谣言来自于各种突发新闻故事，内容包括 Reddit 网站以及新的 Twitter 网站中的新帖子。

这种线程式数据的组织结构与对话结构相似，且具有多方属性，即对话中存在着多人讨论的情况。下面介绍基于该数据集的两个任务。

RumourEval 2019 数据集包括两个子任务：SDQC 分类任务和谣言真实性预测任务。SDQC 分类任务的定义为：将一个包含谣言的源帖子和一个讨论该谣言的对话线程作为输入，给该对话线程中的每个帖子贴上说话者对该谣言的立场标签。标签类型共有 4 种，即支持（Support）、反对（Deny）、质疑（Query）和评论（Comment）。谣言真实性检测任务则是将一条关于某事件的说法作为输入，加上额外的数据，如 SDQC 分类任务中的立场标签，输出一个标签，以描述谣言的预期真实性。这两个任务中数据集的统计数据见表 7-8、表 7-9。

表 7-8　SDQC 分类任务中数据集的统计数据（句子数量）

标签名称	训练集		测试集		数据集合计
	Twitter训练集	Reddit训练集	Twitter测试集	Reddit测试集	
支持	1004	23	141	16	1184
反对	415	45	92	54	606
质疑	464	51	62	31	608
评论	3685	1015	771	705	6176
合计	5568	1134	1066	806	8574

表 7-9　谣言真实性预测任务数据集统计数据（句子数量）

标签名称	训练集		测试集		数据集合计
	Twitter训练集	Reddit训练集	Twitter测试集	Reddit测试集	
真实	145	9	22	9	185
虚假	74	24	30	10	138
不确定	106	7	4	6	123
合计	325	40	56	25	446

7.2　多模态数据集

在人人对话中，人类往往处于多种模态共存的场景下，并通过对多种模态的探知来表达意图和情感。本节介绍多模态数据集，它可按照对话的来源分为以下 4 种。

（1）多模态影视剧对话数据集：来源于影视剧片段的对话数据集，同时具有视频、音频和文本等多种模态的信息。本节介绍 IEMOCAP 数据集、MELD 数据集和 CH-SIMS 数据集这 3 个多模态对话数据集。

（2）多模态观点数据集：来源于视频网站，多为用户对于某些话题或产品表达自己观点的数据集。本节介绍 CMU-MOSI 数据集、CMU-MOSEI 数据集和 YouTube 数据集。

（3）多模态人机交互数据集：对话不仅仅来自于人类，而且源于具有表达特定情感的智能体。这种数据集中的数据主要是人类与智能体之间的多模态交互信息。本节介绍 SEAMINE 对话数据集。

（4）行业多模态对话数据集：来源于特定行业的多模态对话数据集，如医学领域的对话级抑郁症诊断数据集。本节介绍 DAIC-WOZ 对话数据集。

7.2.1 多模态影视剧对话数据集

与单模态数据集类似，大部分多模态对话数据集是影视剧对话数据集。本小节介绍 IEMOCAP 数据集、MELD 数据集和 CH-SIMS 数据集。

1. IEMOCAP 数据集

IEMOCAP 数据集[10]是对话情感识别任务中常用的数据集之一，由南加利福尼亚大学的 SAIL 实验室收集。该数据集包含大约 12h 的多模态视听数据，包括视频、语音、面部运动捕捉、文本转录。数据集内容的收集由 10 个专业演员（5 男 5 女）以双人对话的形式进行，一共分为 5 场（Session），每场分配 1 男 1 女。对话分为两部分，一部分是固定的剧本，另一部分是给定主题情景下的即兴发挥，并着重进行情感表达。IEMOCAP 数据集的统计数据见表 7-10，数据示例如图 7-11 所示。

表 7-10　IEMOCAP 数据集统计数据

属　　性	数　　值
对话数	151 段
话语总数	7433 个
每段对话的话语数	约 50 个
话语平均持续时间	4.5s

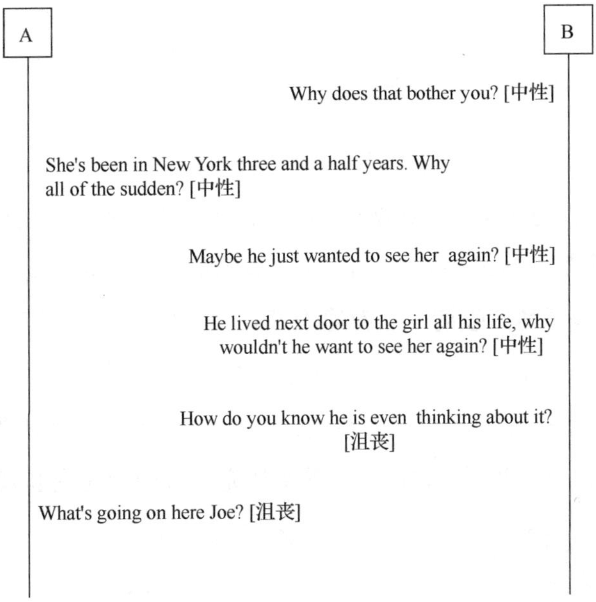

A

B

Why does that bother you? [中性]

She's been in New York three and a half years. Why all of the sudden? [中性]

Maybe he just wanted to see her again? [中性]

He lived next door to the girl all his life, why wouldn't he want to see her again? [中性]

How do you know he is even thinking about it? [沮丧]

What's going on here Joe? [沮丧]

图 7-11　IEMOCAP 数据集示例

为了确保对话中的话语能真实反映既定情感以及避免在一句话中引出多个情感标签，IEMOCAP 数据集的情感标注过程基于主观情感评估方法进行，使用了两种非常流行的评估方案：基于离散标签的标注和基于连续属性的标注。同时，该数据集的作者还要求评估者在进行标注时按照视频、语音、文本模态的顺序进行，且之前所有轮的 3 方面模态数据对于评估者是一直可见的。值得注意的是，评估者被允许同时给一个话语赋予多个情感标签，来反映真实世界中人们交互时的情感混合现象。句子唯一的真实标签是最后才通过多数投票的方式分配的。

对于基于离散标签的标注，该数据集从固定剧本和即兴表演的所有情感（见图 7-12）中选取了 6 类：中性（Neutral）、开心（Happiness）、沮丧（Sadness）、愤怒（Anger）、沮丧（Frustrated）、激动（Excited）。

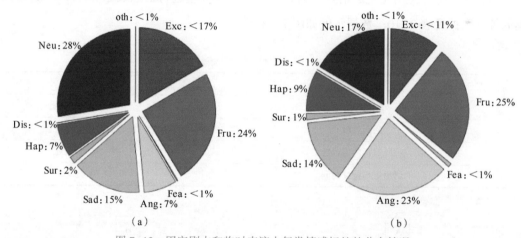

图 7-12　固定剧本和临时表演中每类情感标签的分布情况

（a）固定剧本　（b）即兴表演

Neu, 中性; oth, 其他; Exc, 激动; Fru, 沮丧; Fea, 恐惧; Ang, 愤怒; Sad,
沮丧; Sur, 惊讶; Hap, 开心; Dis, 厌恶

对于基于连续属性的标注，该数据集中共标注了 3 类标签：愉悦度（Valence）、激活度（Activation）和力量（Dominance）。Valence 表示情感积极的程度，Activation 表示兴奋的程度，Dominance 表示情感强度。三者均为 [1,5] 之间的整数值。这种情感标注方式提供了对连续空间中主体的情感状态的更一般的描述。

详细的动作捕捉信息、激发真实情感的互动设置，以及数据规模的大小，使 IEMOCAP 数据集成为现有多模态数据集的重要补充，有助于研究和建模多模态和表达性的人类交流。

2. MELD 数据集

作为对话情感识别任务的常用数据集之一，MELD 数据集[11]来源于经典电视剧《老友记》，为多人对话形式，包含了与 EmotionLines 数据集相同的对话，并在此基础上包含了视频、语音和文本形式的多模态数据。与之前的二元对话数据集相比，MELD 数据集所包含的多人对话更具挑战性，其构建过程是：该数据集作者通过从 EmotionLines 数据集中的每个对话中提取所有话语的开始和结束时间来构建 MELD 语料库。具体来讲，该作者遍历了所有剧集的字幕，并启发式地提取了相应的时间戳。MELD 数据集的统计数据见表 7-11。

表 7-11　MELD 数据集统计数据

属　　　性	训练集	验证集	测试集
词语总数（个）	10,643	2384	4361
话语的平均词语数（个）	8.0	7.9	8.2
话语的最大词语数（个）	69	37	45
对话总数（段）	1039	114	280
话语总数（个）	9989	1109	2610
说话者总人数（人）	260	47	100
对话的平均话语数（个）	9.6	9.7	9.3
对话的平均情感标签种类数（种）	3.3	3.3	3.2
对话的平均参与人数（人）	2.7	3.0	2.6
话语的平均持续时间（s）	3.59	3.59	3.58

MELD 数据集示例如图 7-13 所示。

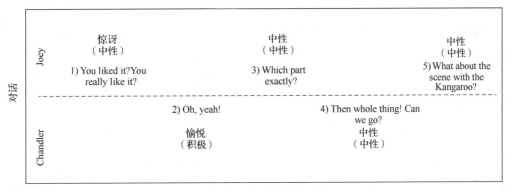

图 7-13　MELD 数据集示例

在情感标注阶段，该数据集由有 3 个标注者标记每个话语，然后通过多数投票来决定话语的最终标签。该数据集作者删除了一些 3 个标注标签都不同的话语，并删除了相应的对话以保持连贯性。最后，涉及 11 个对话的共 89 条话语被从数据集中删除。对话片段中的每句话都被标注了 7 个情绪标签的其中一个，包括中性（Neutral）、愉悦（Joy）、惊讶（Surprise）、沮丧（Sadness）、愤怒（Anger）、厌恶（Disgust）和恐惧（Fear）。与此同时，每句话也拥有相应的 3 类情感倾向性标签，分为积极（Positive）、消极（Negative）和中性（Neutral）。各情感标签在数据集中的分布情况见表 7-12。

表 7-12　MELD 数据集中各情感标签的分布

情感标签	训练集	验证集	测试集
愤怒	1109	153	345
厌恶	271	22	68
恐惧	268	40	50
愉悦	1743	163	402
中性	4710	470	1256
沮丧	683	111	208
惊讶	1205	150	281
消极	2945	406	833
积极	2334	233	521

除此之外，该数据集作者还提供了二元对话版本的 MELD 数据集，其中提取了 MELD 数据集中所有不可扩展的连续二元子对话。例如，让 MELD 数据集中说话者 ID 为 1、2、3 的三方按以下顺序轮流对话：[1,2,1,2,3,2,1,2]。在这个对话序列中，二元 MELD 数据集有以下子对话作为示例：[1,2,1,2]、[2,3,2] 和 [2,1,2]。

MELD 数据集是对话情感识别任务中常用的数据集之一。它的优点是数据集质量较高并且有多模态信息，较二元对话数据集而言的多人对话数据更具有挑战性，并且比当前常用的其他多模态数据集规模更大；缺点是数据集中的对话涉及的剧情背景太多，情感识别难度很大。

3. CH-SIMS 数据集

CH-SIMS 数据集[12]是一个新型中文多模态情感分析数据集，同时具有多模态和独立的单模态情感标签。它允许研究人员研究模态之间的相互作用，或者使用独立的单模态注释进行单模态情感分析。其中的数据主要为电影、电视剧和综艺节目中的目标片段。这些目标片段是在获得原始视频后，使用视频编辑工具 Adobe Premiere Pro 对其进行帧级裁剪而获得，足够准确。CH-SIMS 数据集具有丰富的人物背景，年龄跨度大，质量高。CH-SIMS 数据集的统计数据见表 7-13。

表 7-13　CH-SIMS 数据集的统计数据

属　性	数　值
原始视频数	60 个
视频片段数	2281 个
说话者人数	474 人
视频片段的平均长度	3.67s
视频片段的平均词语数	15 个

图 7-14 为 CH-SIMS 数据集中的一条数据及情感标签示例。其中，左边表示传统的多模态数据仅有的多模态情感标签；右边表示 CH-SIMS 数据集中同时具有单模态和多模态的情感标签。M、T、A、V 分别表示多模态、文本模态、音频模态和视频模态。

由图 7-14 可以看出，单模态的情感标签可能和多模态的标签存在不同，甚至可能出现完全相反的情况，因此单模态标签的存在可以帮助研究人员捕捉到不同模态间的相互作用，并从更细粒度的角度捕捉到语义信息与情感标签的联系。

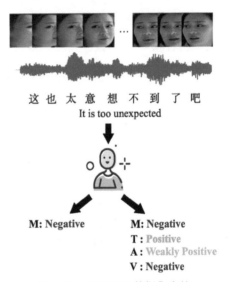

图 7-14　CH-SIMS 数据集中的
一条数据及情感标签示例

在进行情感标注时，该数据集每个视频片段都进行了 1 次多模态标注和 3 次单模态标注。对于每个片段，每个标注者决定其情感状态为 -1（消极）、0（中性）或 1（积极），有 5 个独立的标注者对每个视频片段进行标注。为了同时完成回归和多分类任务，对这 5 个标注结果进行了平均。因此，最终的标注结果是 {-1.0, -0.8, -0.6, -0.4, -0.2, 0.0, 0.2, 0.4, 0.6, 0.8, 1.0} 中的一个。最后，这些数值又被分为 5 个分类：负值 {-1.0, -0.8}、弱负值 {-0.6, -0.4, -0.2}、中性 {0.0}、弱正值 {0.2, 0.4, 0.6} 和正值 {0.8, 1.0}。

7.2.2　多模态观点数据集

多模态观点数据集来自视频网站，是指用户对某个话题或产品表达自己观点的数据集合。这种数据集事实上不属于真正意义上的多模态对话数据集，但由于多模态对话数据集的种类和规模都不大，这些多模态观点数据集有助于学习多模态场景下人类口语表达的特性，尤其适用于多模态情感分类任务，因此在多模态情感计算领域被广泛使用。由于情感对话机器人的情感识别任务与情感分类任务非常相似，因此这种数据集也对多模态情感识别任务有帮助。

本小节介绍这类数据集中较典型的 CMU-MOSI 数据集、CMU-MOSEI 数据集和 YouTube 数据集。

1. CMU-MOSI 数据集

CMU-MOSI 数据集[13]来源于在线分享网站 YouTube 中的视频博客（vlog）。数据集随机选择了来自 89 个独立讲者的 93 个视频，并从中选择了 2199 个视频片段。这些讲者包括 41 名女性讲者和 48 名男性，其中大多数的年龄为 20~30 岁。讲者们拥有不同的背景（如白种人、黄种人等），并且均用英语表达自己的观点。CMU-MOSI 数据集的统计数据见表 7-14。

表 7-14　CMU-MOSI 数据集的统计数据

属　性	数　值
视频片段数	2199 个
视频数	93 个
说话者人数	89 个
视频片段平均长度	4.2s
话语的平均词语数	12 个
词语总数	26,295 个

CMU-MOSI 数据集标注了每句话的情感强度，情感强度被定义为从强烈消极（Strongly Negative）到强烈积极（Strongly Positive），标签的数值为 [-3,3] 间的整数。情感强度标注由 Amazon Mechanical Turk 网站的在线工作人员执行。对于每个视频，标注者有 8 个选择：强积极（+3）、积极（+2）、弱积极（+1）、中性（0）、弱消极（-1）、消极（-2）、强消极（-3）。如果他们不确定，也可以选择"不确定"（Uncertain）的选项。图 7-15 为该数据集情感强度标签的分布情况。

2. CMU-MOSEI 数据集

CMU-MOSEI 数据集[14]是截至本书成稿之日最大的多模态情感分析和情感识别数据集，是对上一代 CMU-MOSI 数据集的扩展。经过对视频数据的处理后，该数据集可用于对话情感识别任务。CMU-MOSEI 数据集包含来自 1000 名在线 YouTube 讲者的 23,453 个句子视频。该数据集是性别平衡的，并且所有的句子语音都是从各种主题和独白视频中

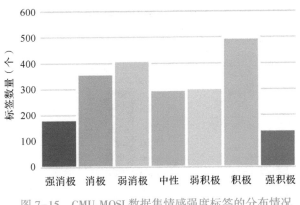

图 7-15　CMU-MOSI 数据集情感强度标签的分布情况

随机选择的；所有视频都被转录并正确标注了标点符号。表 7-15 给出了 CMU-MOSEI 数据集的统计数据。

表 7-15　CMU-MOSEI 数据集的统计数据

属　　性	数　　值
话语数	23,453 个
视频数	3228 个
说话者人数	1000 人
话题数	250 个
视频中平均话语数	7.3 个
视频中平均话语长度	7.28s
句子中包含的词语总数	447,143 个
句子中平均词语数	19.2 个

CMU-MOSEI 数据集的情感标注工作由来自 Amazon Mechanical Turk 网站的 3 位众包标注者进行。为了避免标注者产生标注偏差，每位标注者都以观看视频的方式获得了 5min 的关于如何使用标注系统的培训。CMU-MOSEI 数据集中标注了 7 类情感倾向性标签，分别为强消极（Highly Negative）、消极（Negative）、弱消极（Weakly Negative）、中性（Neutral）、弱积极（Weakly Positive）、积极（Positive）和强积极（Highly Positive）。同时，该数据集中还有 6 类情绪标签：开心（Happiness）、沮丧（Sadness）、愤怒（Anger）、恐惧（Fear）、厌恶（Disgust）和惊讶（Surprise）。每一类情感的强度被标注为 [0,3] 区间内的整数。该数据集中情感标签的分布情况如图 7-16 所示。其中，最常见的标签是拥有超过 12,000 个话语的"开心"，最少见的标签是"恐惧"，有 1900 个话

语。这里值得注意是，CMU-MOSEI 数据集有多标签特性，即每一个样本对应的情感可能不止一种，对应情感的强弱也不同。

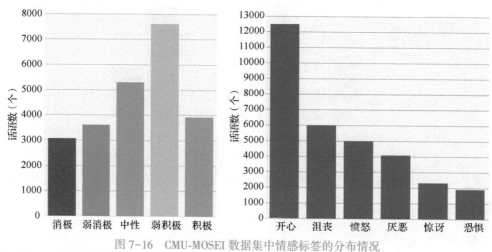

图 7-16 CMU-MOSEI 数据集中情感标签的分布情况

3. YouTube 数据集

YouTube 数据集[15]来源于视频网站 YouTube，包含了来自不同年龄和性别群体的讲者的 47 个视频，其中包括 20 名女性讲者和 27 名男性讲者，年龄范围为 14~60 岁。在该数据集中，讲者直面相机对不同的话题表达了自己的观点。YouTube 数据集中的视频不是基于某个特定的主题，而是从根据多个关键词搜索出的视频中选择出来的，例如牙膏、战争、工作等。每个视频片段的时长为 2~5min，格式均为 mp4，分辨率为 360 像素×480 像素。

YouTube 数据集中的所有视频都经过了预处理，以解决以下两个问题：一个是抽取视频标题，另一个是解决视频中存在多个主题的问题。YouTube 数据集中的许多视频都包含一个视频介绍序列，其中显示了一个标题，有时还伴随着视觉动画。解决此问题的一种简单方法是删除每个视频的前 30s，未来还可以通过对视频自动执行 OCR 来优化此步骤。对于多主题问题，该数据集的作者同样采用的是一个简单的方法，即将所有视频序列的长度都标准化为 30s。

YouTube 数据集情感标注的目标是找到视频片段中表达的情感，因此是按照视频时序发展的顺序进行标注。每个视频片段被分配了以下 3 个情感标签之一：消极（Negative）、中性（Neutral）和积极（Positive）。所有 47 个视频片段都由 3 个标注者进行标注，他们以 3 种不同的随机顺序播放视频，以减少复合效应。需要注意的是，该数据集标注的不是标注者观看视频后产生的情感，而是视频所表达出的情感。

7.2.3　多模态人机交互数据集

目前较典型的多模态人机交互数据集是 SEMAINE 数据集[16]，它是一个人机交互的视频、音频数集库，包括一系列人机交互的高质量多模态记录。其中，视频以 49.979f/s 的速度记录，空间分辨率为 780 像素×580 像素，每个样本的音效为 8bit，而音频的频率为 48kHz、每个样本音效为 24bit 记录，常用于对话情感识别任务。SEMAINE 数据集的内容是 4 个固定形象的机器人与用户进行的对话，它涉及用户与情感定型的"角色"互动。这些"角色"的反馈依据是用户的情感状态而不是他所说的内容。这 4 个情感定型的"角色"机器人代表的性格分别为平和、外向、愤怒和悲伤。

SEMAINE 数据集曾被用于 AVEC2012 挑战赛。该挑战赛包含两个子挑战：在完全连续的子挑战（Fully Continuous Sub-challenge，FCSC）中，参与者必须在录音的每一时刻预测 4 个情感维度的值；而在词级别子挑战（Word-Level Sub-Challenge，WLSC）中，参与者必须对用户说出的每一个词进行单一的 4 个情感维度的预测。AVEC2012 挑战赛使用的数据集有 95 段对话，共 5798 个句子。该数据集的划分以及统计数据见表 7-16。

表 7-16　AVEC2012 挑战赛中数据集的划分以及统计数据

属性	训练集	验证集	测试集	合计
对话数（段）	31	32	32	95
录音数（段）	501,277	449,074	407,772	1,358,123
词语数（个）	20,183	16,311	13,856	50,350
视频总长度（小时：分：秒）	2：47：10	2：29：45	2：15：59	7：32：54
平均词语数（个）	262	276	249	263

在 AVEC2012 挑战赛中，该数据集每隔 0.2s 进行一次标注，总共标注了 4 个情感维度：愉悦度（Valence）、激活度（Arousal）、预期（Expectancy）、力量（Power）。Valence 表示情感积极的程度，Arousal 表示兴奋的程度，Expectancy 表示与预期相符的程度，Power 表示情感影响力。其中，Valence、Arousal 和 Expectancy 为 [-1,1] 范围内的连续值，Power 为大于等于 0 的连续值。每条数据都由 2~8 名标注者进行了标注，其中大多数由 6 名标注者进行标注。其中，68.4% 的数据由不少于 6 名标注者进行标注，82% 的数据由不少于 3 名标注者进行标注。标注标签的模式有两种，每个子挑战都有一种。FCSC 中使用的是每一帧视频的标签；WLSC 中则是每个单词有一个单一的连续值标签。

7.2.4　多模态行业对话数据集

多模态行业对话数据集源自生活中的各行各业，如医疗、电商客服和销售等。本小节主要介绍来自医疗行业的对话级抑郁症检测数据集 DAIC-WOZ[17]。

DAIC-WOZ 数据集是一个更大的语料库的一部分，即困境分析访谈语料库（Distress Analysis Interview Corpus，DAIC）[18]。DAIC-WOZ 数据集包含了旨在支持心理困境状况诊断的临床访谈，如焦虑、抑郁和创伤后压力障碍。这些访谈是为创建一个计算机智能体而收集的，该智能体可以通过与人们进行对话交流识别精神疾病的语言和非语言指标。DAIC-WOZ 数据集中的数据包括音频和视频记录以及大量的问卷回答；内容包括 Wizard-of-OZ 访谈，该访谈由一个称为 Ellie 的动画虚拟访谈者进行，并由另一个房间的人类访谈者控制。这些数据已被转录，并对各种语言和非语言特征进行了标注。该数据集的统计数据和数据示例分别如表 7-17 和图 7-17 所示。

表 7-17　DAIC-WOZ 数据集的统计数据

属　　性	数　　值
对话数	189 段
话语数	23,726 个
平均对话时长	16min
对话视频总长度	50h

Wizard-of-OZ
Ellie Who's someone that's been
a positive influence in your life?
Participant Uh my father.
Ellie Can you tell me about that?
Participant He's a very he's a man
of few words.
Participant And uh he's very calm.
Participant Slow to anger.
Participant And um very warm very
loving man.
Participant Responsible
Participant And uh he's a
gentleman has a great sense
of style and he's a great
cook.

图 7-17　DAIC-WOZ 数据示例

DAIC-WOZ 数据集中的标签为用户填写 PHQ-9 等心理调查问卷的结果。PHQ-9 是一种由 9 个问题构成的抑郁症诊断量表，其中每个问题都是包含 4 个选项的单项选择题，每个选项对应 0~3 分，最后对各项得分进行加和计算，得出总结。

7.3　本章小结

本章主要介绍了对话情感识别任务和对话情感回复生成任务中常用的数据集，分为单模态数据集和多模态数据集，重点展示了不同数据集的来源、规模和数据样例，以及情感标签的类型及分布等。关于各数据集更详细的介绍可参考相应的论文。

通过对这两类数据集的分析，我们可以得出以下几点结论和思考。

（1）单模态数据集中，日常对话数据集的内容与人人对话最相似，但这类数据集的有效数据部分规模较小。影视剧对话数据集虽然规模较大，但是由于有剧本的设定，与真实的人人对话有一定的差别，这使得在实验中很多看似正确的假设无法得到证明。社交媒体回复数据集是对话数据集的一种近似，存在话题漂移、不相关等问题。

（2）单模态对话数据虽已具备一定的规模，但是标注的粒度较粗。大部分数据集仅仅标注了情感标签。然而，情感对话机器人的核心目的是根据当前用户的表述生成合理的表达，在分析用户表述时，不仅需要分析情感，还需要分析用户性格、当前话题、用户意图等，然而这些数据目前在语料中是缺失的。

（3）真实场景下的多模态对话数据不足。显然，多模态对话数据集的内容主要来自于影视剧对话，与真实场景有一定的距离。但令人欣喜的是，我们看到越来越多来自各行业的多模态对话数据集，如面向抑郁症诊断的医学多模态数据集、客服对话数据集（未公开）等。随着行业需求的增多和多模态技术的发展，我们相信会有越来越多的多模态对话数据集涌现出来。

参考文献

［1］ Li Y, Su H, Shen X, et al. Dailydialog: A Manually Labelled Multi-turn Dialogue Dataset ［C］// Proceedings of the Eighth International Joint Conference on Natural Language Processing. Taipei: Asian Federation of Natural Language Processing, 2017: 986-995.

［2］ Chatterjee A, Gupta U, Chinnakotla M K, et al. Understanding Emotions in Text Using Deep Learning and Big Data ［J］. Computers in Human Behavior, 2019, 93: 309-317.

［3］ Hsu C, Chen S, Kuo C, et al. EmotionLines: An Emotion Corpus of Multi-Party Conversations ［C］// Proceedings of the Eleventh International Conference on Language Resources and Evaluation. Miyazaki: European Language Resources Association, 2018: 1597-1601.

［4］ Danescu-Niculescu-Mizil C, Lee L. Chameleons in Imagined Conversations: A New Approach to Understanding Coordination of Linguistic Style in Dialogs ［C］// Proceedings of the 2nd Workshop on Cognitive Modeling and Computational Linguistics. Oregon: Association for Computational Linguistics, 2011: 76-87.

［5］ Zahiri S M, Choi J D. Emotion Detection on TV Show Transcripts with Sequence-based Convolutional Neural Networks ［C］// Workshops at the Thirty-second AAAI Conference on Artificial Intelligence. California: AAAI Press, 2018: 44-52.

[6]　Tiedemann J. News from OPUS: A Collection of Multilingual Parallel Corpora with Tools and Interfaces [C]// Recent Advances in Natural Language Processing V. [S. l.]: John Benjamins Publishing Company, 2009: 237-248.

[7]　Shang L, Lu Z, Li H. Neural Responding Machine for Short-Text Conversation [C]// Proceedings of the 53rd Annual Meeting of the Association for Computational Linguistics and the 7th International Joint Conference on Natural Language Processing of the Asian Federation of Natural Language Processing. [S. l.]: Association for Computer Linguistics, 2015: 1577-1586.

[8]　Zhou X and WangW Y. MojiTalk: Generating Emotional Responses at Scale [C]// Proceedings of the 56th Annual Meeting of the Association for Computational Linguistics. [S. l.]: Association for Computational Linguistics, 2018: 1128-1137.

[9]　Gorrel G, Kochkina E, Liakata M, et al. SemEval-2019 Task 7: RumourEval, Determining Rumour Veracity and Support for Rumours [C] // Proceedings of the 13th International Workshop on Semantic Evaluation. [S. l.]: Association for Computational Linguistics, 2019: 845-854.

[10]　Busso C, Bulut M, Lee C, et al. IEMOCAP: Interactive Emotional Dyadic Motion Capture Database [J]. Language Resources & Evaluation, 2008, 42: 335-359.

[11]　Poria S, Hazarika D, Majumder N, et al. MELD: A Multimodal Multi-Party Dataset for Emotion Recognition in Conversations [C]// Proceedings of the 57th Conference of the Association for Computational Linguistics. [S. l.]: Association for Computational Linguistics, 2019: 527-536.

[12]　Yu W, Xu H, Meng F, et al. CH-SIMS: A Chinese Multimodal Sentiment Analysis Dataset with Fine-grained Annotation of Modality [C]// Proceedings of the 58th Annual Meeting of the Association for Computational Linguistics. [S. l.]: Association for Computational Linguistics, 2020: 3718-3727.

[13]　Zadeh A, Zellers R, Pincus E, et al. MOSI: Multimodal Corpus of Sentiment Intensity and Subjectivity Analysis in Online Opinion Videos [J/OL]. (2016-8-12). arXiv.org/abs/1606.06259.

[14]　Zadeh A B, Liang P P, Poria S, et al. Multimodal Language Analysis in the Wild: CMU-MOSEI Dataset and Interpretable Dynamic Fusion Graph [C]// Proceedings of the 56th Annual Meeting of the Association for Computational Linguistics. [S. l.]: Association for Computational Linguistics, 2018: 2236-2246.

[15]　Morency L P, Mihalcea R, Doshi P. Towards Multimodal Sentiment Analysis: Harvesting Opinions from the Web [C]// Proceedings of the 13th International Conference on Multimodal Interfaces. NY: ACM, 2011: 169-176.

[16]　McKeown G, Valstar M, Cowie R, et al. The SEMAINE Database: Annotated Multimodal Records of Emotionally Colored Conversations between a Person and a Limited Agent [J]. IEEE Transactions on Affective Computing, 2012, 3 (1): 5-17.

［17］　DeVault D，Artstein R，Benn G，et al. SimSensei Kiosk：A Virtual Human Interviewer for Healthcare Decision Support ［C］// Proceedings of the 2014 International Conference on Autonomous Agents and Multi-agent Systems. NY：ACM，2014：1061-1068.

［18］　Gratch J，Artstein R，Lucas G M，et al. The Distress Analysis Interview Corpus of Human and Computer Interviews ［C］// Proceedings of the Ninth International Conference on Language Resources and Evaluation.［S. l.］：European Language Resources Association，2014：3123-3128.